A QUESTÃO CHINESA

# A QUESTÃO CHINESA

ZHUANG LIEHONG
YIGE DONG
IRENE MAESTRO GUIMARÃES
CHING KWAN LEE
ELI FRIEDMAN
AU LOONG YU
RICHARD SMITH
PUN NGAI
SOPHIA CHAN
ELLIE TSE
JN CHIEN
ASHLY SMITH
JENNY CHAN
LEO VINICIUS LIBERATO

Contrabando Editorial, 2022

Introdução     9
Eli Friedman

# I

1. Porque a China é capitalista     17
Eli Friedman

2. Porque a China não é capitalista     31
(apesar das Ferraris cor-de-rosa)
Richard Smith

3. Luta de classes na China     49
Irene Maestro Guimarães

# II

1. Depois do Milagre     65
Ching Kwan Lee

2. A campanha por direitos sindicais na     97
fábrica Jasic
Jenny Chan

3. Conjuntura política e greve operária     109
Au Loong Yu

4. Debatendo o "movimento Jasic"     119
Pun Ngai

5. Existe um movimento feminista  131
chinês de esquerda?
Yige Dong

6. Colhendo nos campos de bem-estar social  141
Coletivo Chuang

7. Relembrando o levante de 2011 em Wukan  183
Zhuang Liehong

8. De Hong Kong, o dito anti-imperialismo  193
de Pequim é uma farsa
Sophia Chan

9. Contra a nova Guerra Fria  201
JN Chien e Ellie Tse

10. Porque a esquerda deve apoiar  211
Hong Kong na luta por direitos democráticos
Eli Fredman & Ashly Smith

11. De partir a alma  223
Coletivo Chuang

12. Trabalhadores precarizados  259
em movimento no Brasil e na China
Leo Vinicius Liberato


Tabela de Mapas  271

Coletivos Chineses  273

# 1. Províncias da China

## 2. Densidade populacional chinesa

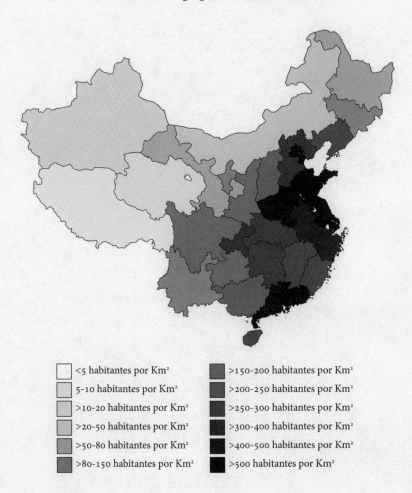

# Introdução

Eli Friedman[1]

---

[1] Professor associado de Estudos Comparativos e Internacionais do Trabalho na Escola de Relações Industriais e Trabalhistas da Universidade de Cornell, Eli Friedman é autor de *The Urbanization of People: The Politics of Development, Labor Markets, and Schooling in the Chinese City* (2020, Columbia University Press), e coeditor do livro *China on Strike: Narratives of Worker's Resistance* (2016, Haymarket).

Ao longo do último século, a China tem sido um lugar de recorrente insurreição social. Das combativas greves gerais anticoloniais de 1925-1927 à mobilização em massa dos camponeses nos anos 1930 e 1940, incluindo as convulsões da Revolução Cultural e dos movimentos pró-democracia de estudantes e trabalhadores dos anos 1980, o povo chinês engajo-se repetidamente em lutas contra as desigualdades materiais e a opressão política. No entanto, desde a violenta repressão contra o movimento por democracia na Praça da Paz Celestial, em 1989, muitas pessoas na China, assim como internacionalmente, passaram a acreditar que décadas de rápido crescimento econômico sufocaram a resistência social. Isso não poderia estar mais longe da verdade: embora o Partido Comunista tenha sido vitorioso em extinguir uma oposição política sustentável, a resistência dos de baixo às injustiças e as reivindicações por maior igualdade social e econômica continuam sendo uma força poderosa na República Popular da China.

Existem múltiplas linhas de conflito na sociedade chinesa derivadas da hierarquia étnica e da opressão de gênero, enquanto que a transição da China ao capitalismo nos últimos quarenta anos também deu início a novas formas de luta de classes. Mesmo se cada um desses eixos de conflito produza tipos distintos de resistência, desde 1989 eles compartilham algumas características chave. Em primeiro lugar, tais lutas, com apenas algumas exceções, foram apresentadas como apolíticas e sem antagonismo ao Partido Comunista. Em segundo lugar, a resistência permanece bastante fragmentada e descentralizada, o que significa que não há organizações transregionais ou nacionais capazes de sustentar a mobilização dos movimentos sociais. Em terceiro lugar, e relacionado aos pontos anteriores, a mobilização tende a focar em questões materiais imediatas, em vez de articular queixas locais às estruturas nacionais (ou transnacionais) de dominação. É difícil afirmar, com clareza, se essas características dão-se por uma crença sincera de que os governos locais são corruptos e a liderança central, benevolente, ou se a apresentação política dócil é apenas uma tática de sobrevivência. Dito isso, embora os levantes individualmente não se apresentem em termos radicais, a natureza generalizada da resistência social expressa um grande desafio ao governo e às forças empresariais.

É impossível determinar com precisão quantos protestos ocorrem na China a cada ano, já que o governo faz esforços extremos para impedir a circulação de informações relacionadas às agitações. O sociólogo Sun Liping fez uma estimativa bastante citada, de 180.000 protestos em 2010. Lu Yuyu — um jornalista ativista que contabilizou protestos sociais utilizando fontes digitais[2] — documentou pelo menos 70.000 deles[3] durante um período de três anos, até 2016. Em seguida, ele cumpriu uma sentença de quatro anos de prisão por essa iniciativa. Independente do número específico de protestos, sabemos que o governo está extremamente preocupado com a instabilidade social. Ao longo dos anos 2000 e 2010, Beijing estabeleceu comitês "weiwen" (de manutenção da estabilidade) em todos os níveis de governo, ao mesmo tempo em que aumentou, de forma drástica, os gastos em segurança doméstica e policiamento. Essa grande expansão da capacidade policial se dá em conjunto com o desenvolvimento de um aparato de censura e vigilância digital abrangente e bastante eficaz. Em suma, apesar de não haver ameaça imediata de instabilidade social, o Estado não está disposto a se arriscar.

Talvez a principal fonte de agitação venha dos trabalhadores. Grandes protestos e levantes seguiram às privatizações

---

[2] @wickedonna, disponível em: https://newsworthknowingcn.blogspot.com.
[3] "Why protests are so common in China", *The Economist*, 2018.

e reformas de mercado nas empresas estatais ao final dos anos 1990 e início dos anos 2000. Na medida em que o setor privado cresceu em importância econômica, a partir de meados dos anos 2000, migrantes rurais que chegavam às cidades para trabalhar em empresas privadas se tornaram os principais atores da insurreição operária. Com apenas uma central sindical controlada pelo PCCh — a Federação dos Sindicatos da China —, que se alinha na maioria das vezes ao capital, os trabalhadores que enfrentavam condições laborais exploratórias recorreram às greves selvagens na defesa de seus interesses. A insurgência dos trabalhadores cresceu em escopo e intensidade ao longo dos anos 2000 e 2010, impulsionada pela escassez de mão de obra e um ambiente político relativamente permissivo. Após uma enorme onda de greves na indústria automobilística em 2010, houve até uma discussão pública sobre a garantia do direito de greve para os trabalhadores — direito esse que havia sido retirado da Constituição em 1982, quando o país embarcava nas reformas de mercado. No entanto, quando Xi Jinping assumiu o poder, em 2012, o governo tomou uma direção abertamente antioperária. Até reformas sindicais tímidas foram suspensas, e o pequeno número de ONGs independentes de trabalhadores foram reprimidas, enquanto diversos ativistas tiveram de cumprir anos na prisão. Em 2018, um movimento de estudantes universitários marxistas, que apoiavam a luta dos trabalhadores na fábrica de máquinas de soldagem Jasic, em Shenzhen, parecia promissor. Mas, apesar da afinidade declarada dos ativistas por Marx e Mao, o Estado, ainda autodeclarado socialista, incomodou-se profundamente com essa aliança politizada de classes, reprimindo-a com dureza, prendendo e fazendo desaparecer muitos ativistas e os sujeitando a tortura, confissões forçadas e prolongadas detenções extrajudiciais. Embora os movimentos incipientes de uma década atrás tenham se tornado menos assertivos e espetaculares, protestos e greves trabalhistas esparsos e em pequena escala continuam intactos.

As lutas por terra também têm sido um grande catalisador de agitação social. Áreas rurais da China, incluindo as periferias das cidades, mantêm propriedades de terra nominalmente coletivas. No entanto, sem qualquer mecanismo de controle democrático, em termos práticos, isso significa que os quadros locais do partido determinam como ocorrem as aquisições de terras, enquanto os camponeses quase nunca têm voz para expressar seus interesses. Em meio à expansão urbana gigantesca e sem precedentes históricos na China, milhões de camponeses foram expropriados de suas terras, em geral recebendo uma pequena fração de seu valor de mercado. Não é de se surpreender que isso, em certas ocasiões, gerou intensa resistência, muitas vezes ganhando contornos violentos. No exemplo mais proeminente da última década, em 2011, a aldeia de Wukan, no sul, se revoltou contra as autoridades locais que vendiam suas terras para incorporadores. Os camponeses insurgentes na prática assumiram o controle físico da aldeia, exigindo a reversão da venda e eleições democráticas para a liderança do vilarejo. Embora o movimento não tenha, em última instância, tido sucesso, ele representou um ponto alto da resistência rural. Esse tipo de conflito prossegue em menor escala, enquanto a transformação capitalista da vida agrária continua acelerada.

O ativismo feminista cresceu em direções promissoras na última década. Uma rede de feministas, em grande parte, embora não de forma exclusiva, vindas de universidades, começou a se mobilizar contra a violência sexual e doméstica em meados da década de 2010. Com frequência saindo às ruas em protestos de pequena escala, mas bem organizados, sua capacidade de mobilização em diferentes regiões incomodou as autoridades. Em 2015, um grupo que ficou conhecido como "as cinco feministas" foi detido pela polícia. Soltas pouco depois, viram sua causa transformar-se em sensação internacional. A mobilização contra a agressão sexual também ganhou peso nos últimos anos. Um dos exemplos mais notáveis é Yue Xin, uma estudante da Universidade de Pequim, que ganhou atenção internacional em 2018 quando ajudou na articulação política contra um caso de violência sexual no campus. Yue Xin também foi a principal coordenadora durante a campanha da Jasic, e expressa uma corrente de feminismo radical que visa incorporar análises da hierarquia de gênero na crítica marxista de classe.

A situação nas periferias imperiais da China, em Xinjiang e no Tibete, é distinta. Respondendo à crescente desigualdade étnica e à repressão cultural, grandes levantes ocorreram no Tibete em 2008 e em Xinjiang em 2009, nos quais centenas de pessoas foram mortas. Na década seguinte, a resistência foi esporádica, marcada por protestos de autoimolação por dezenas de tibetanos, enquanto os uigures de Xinjiang realizaram protestos e, vez por outra, ataques violentos a policiais e civis. Em resposta, o governo tem recorrido a um sistema cada vez mais abrangente de vigilância e controle, cuja manifestação mais extrema são os campos de "reeducação", onde mais de um milhão de uigures e outras minorias muçulmanas têm sido aprisionadas. Ao mesmo tempo, o Estado tem se esforçado em higienizar ou erradicar a língua e a cultura originárias, incentivando a colonização local por membros da maioria han. Contudo, a presença avassaladora das forças de segurança torna a resistência extremamente difícil e arriscada no momento.

Por fim, Hong Kong ocupa uma posição excepcional na política chinesa. Com liberdade de associação, imprensa e expressão, a "região administrativa especial" tem sido, há vários anos, o local mais indisciplinado dentro da RPC. O Partido Comunista, desde o retorno de Hong Kong à China em 1997, cultivou laços estreitos com as elites oligárquicas da cidade e buscou uma estratégia de desenvolvimento que excluiu as classes trabalhadoras e médias do país beneficiando os super-ricos. Ao mesmo tempo, o governo sabotou até mesmo os limitados direitos democráticos conquistados pelos habitantes de Hong Kong. A demanda por expansão da democracia eleitoral, conforme prometida na Declaração Conjunta Sino-Britânica de 1984, foi a peça central do levante de 2014, conhecido como a Revolta do Guarda-Chuva. A insurreição de 2019 foi, no início, desencadeada em resposta a um projeto de lei que permitiria a Hong Kong extraditar pessoas para a China continental, levando muitos ativistas a temerem ser submetidos aos tribunais controlados pelo PCCh. Mas o movimento expandiu-se rapido, incluindo reivindicações relacionadas à expansão da democracia eleitoral e oposição à violência policial. O Estado não estava disposto a ceder em nenhuma dessas reivindicações e se apoiou na repressão brutal para esmagar o levante – que ficou conhecido como "terror branco", entre os ativistas. A Lei de Segurança Nacional, aprovada em Pequim sem qualquer participação da legislatura de Hong Kong, resultou em uma repressão ainda mais severa, agora imposta por um conjunto obscuro de desconhecidas instituições paralelas. Por ora, o levante foi reprimido, mas as demandas básicas pela manutenção das liberdades políticas, e por protestos sem a ameaça de violência policial continuam sem resposta.

Os capítulos abaixo trazem visões elucidativas e radicais sobre esses movimentos. A China de fato é uma sociedade complexa, e conectar-se às suas lutas sociais é bastante difícil para os estrangeiros. No entanto, esse volume destaca a comunhão de lutas em todo o mundo contra a exploração de classes, a hierarquia racial e étnica e a opressão de gênero. Embora esses movimentos tomem formas diferentes na China e nas Américas ou na Europa, eles estão simultaneamente ligados pelo sistema global do capitalismo. Toda a classe trabalhadora e os povos oprimidos podem e devem estar unidos na luta por uma expansão da democracia radical e na oposição à expropriação e exploração capitalistas. Nos capítulos que se seguem, veremos o heroísmo, os sucessos, assim como os fracassos das experiências da China.

I

# Porque a China é capitalista[1]

*Por um anti-imperialismo antinacionalista*
Eli Friedman

---
[1] "Why China is Capitalist", *Specter Journal*, 15 jul. 2020, disponível em: https://spectrejournal.com/why-china-is-capitalist/.

A China do século XXI é capitalista. Isso representa uma transformação dramática para um país que havia eliminado a propriedade privada dos meios de produção, ao final dos anos 1950, engajando-se na década seguinte em algumas das experiências políticas mais radicais do século XX. Apesar da profunda reorganização das relações de produção nos últimos quarenta anos, o Partido Comunista Chinês (PCCh) retém seu monopólio do poder e ainda se declara socialista, embora agora com "características chinesas".

Sua estrada comunista rumo ao capitalismo[2] gerou uma confusão séria para a esquerda (tanto dentro da China, quanto em termos globais) sobre como caracterizar o estado atual das coisas. Esclarecer essa questão é de extrema importância para a prática anticapitalista, e é ainda mais grave pelo crescente poder global da China. Em última instância, isso nos remete a perguntar se acreditamos que o Estado chinês e sua oposição à ordem liderada pelos EUA personificam uma política libertadora. Se, por outro lado, entendermos que a China, em vez de tentar transcender o capitalismo, está comprometida na competição com os EUA pelo *controle* do sistema, chegamos a uma conclusão política bastante diferente: de que devemos traçar nosso próprio caminho por libertação radical, independente e contrária a todos os poderes de Estado existentes.

O capitalismo é um conceito complexo, e pretendo apenas abordar algumas questões centrais aqui. Fundamentalmente, ele constitui um sistema em que a necessidade humana é secundária à produção de valor. Essa relação é institucionalizada por meio da universalização na dependência do mercado, com as relações

---

[2] Ralf Ruckus, *The Communist Road to Capitalism: How Social Unrest and Containment Have Pushed China's (R)evolution since 1949*, 2021.

humanas mediando-se através de mercadorias. Essa lógica do capital manifesta-se não apenas na exploração econômica do trabalho e nas relações sociais de classe que a acompanham, mas também nos modos de dominação política dentro de espaços, incluindo o Estado e a esfera do trabalho. Apesar de importantes diferenças perante o modelo liberal anglo-americano, veremos que a China tornou-se capitalista em todos os aspectos.

Indicadores do capitalismo chinês são abundantes. As metrópoles do país são adornadas com lojas da Ferrari e da Gucci, logotipos empresariais estrangeiros e nacionais estampam toda a paisagem e moradias de luxo, e arranha-céus brotam por todos os principais núcleos urbanos. A rápida evolução da China, de um dos países mais igualitários do mundo, em termos ecômicos, para um dos mais desiguais,[3] indica grandes mudanças estruturais. Também podemos ver a adesão da China à OMC, a insistência contínua,[4] pelo governo, de que ela é, de fato, uma economia de mercado. Ou Xi Jinping defendendo a globalização em Davos,[5] e reivindicando que o mercado tenha um "papel decisivo"[6] na alocação de recursos, como sinais da adesão do Estado ao capitalismo. Igualmente, pode-se encontrar expressões culturais generalizadas, que sugerem uma orientação capitalista enraizada, incluindo a valorização do trabalho árduo, consumismo crasso e a adoração à genialidade única de heróis empresariais, de Steve Jobs a Jack Ma.

No entanto, seria um erro confundir esses efeitos do capitalismo com o capitalismo em si. Para entender de forma mais completa como o capital passou a ser o princípio orientador do Estado e da economia na China, será preciso uma investigação mais profunda.

---

[3] Sara Hus, *High Income Inequality Still Festering in China*, 2016.
[4] "China loses landmark WTO dispute against EU", *Japan Times*, 2020.
[5] "Xi Jinping's keynote speech at the World Economic Forum", *State Council Information Office*, 2017.
[6] "Xi stresses decisive role of market in resource allocation", *Xinhuanet*, 2020.

## Economia, Trabalho e Reprodução Social

Ao propor uma crítica radical do capital, poderíamos, como sugeriria Marx, partir da mercadoria. Uma mercadoria é algo útil a alguém e que contém um valor de troca. Em um sistema de produção capitalista, o valor de troca domina, o que significa que o lucro, não a utilidade, determina a produção das coisas. Marx começa *O Capital* com uma análise da forma mercadoria, porque ele acreditava que ela nos permitiria desvendar a totalidade do sistema capitalista.

Se olharmos para a China contemporânea, não há dúvida de que a produção de mercadorias foi universalizada. Isso é visível nas vastas cadeias de abastecimento transnacionais que estão centradas na China, onde a exploração dos trabalhadores chineses em fábricas que produzem de tudo, desde telefones celulares e carros a equipamentos médicos, roupas e móveis, enriqueceu as empresas nacionais, assim como estrangeiras, resultando em um *boom* de exportações[7] de proporções sem precedentes. Os gigantes da tecnologia chinesa, como Tencent, Alibaba, Baidu e ByteDance, são distintos das empresas do Vale do Silício em alguns aspectos importantes, mas estão unidos em seus esforços para produzir tecnologia voltada, primeiro, à mercantilização da informação. Da mesma forma, bolhas imobiliárias recorrentes, e construtoras demaseado lucrativas[8] indicam a produção de habitações em resposta às oportunidades de mercado. Em uma ampla variedade de setores, está claro que a produção é orientada, antes de tudo, para a geração de lucros, e não para responder às necessidades humanas.

Embora uma análise da produção de mercadorias seja esclarecedora, é politicamente mais potente abordar a questão na outra direção: em vez de perguntar o que o capital exige para garantir sua própria expansão contínua, devemos perguntar como os seres humanos sobrevivem. Como, então, o proletariado chinês – um

---

[7] Ho-Fung Hung, *The China Boom: Why China Will Not Rule the World*, 2015.
[8] Daniel Slotta, *Top Chinese property developers on the Fortune China 500 ranking 2020*, 2021.

grupo de pessoas cuja única propriedade produtiva é sua própria força de trabalho – garante sua própria reprodução social? A resposta é, como em qualquer outra sociedade capitalista, que os proletários devem descobrir alguma maneira de se vincular ao capital para viver. Necessidades básicas como alimentação, moradia, educação, saúde, transporte e tempo de lazer e socialização não são garantidas como algo assegurado. Na verdade, a vasta maioria das pessoas na China precisa, primeiro, tornar-se útil ao capital para assegurar esses bens.

A sociedade chinesa é, claro, altamente heterogênea, estriada de divisões socioeconômicas e corolários de diversidade nas estratégias de subsistência. A categoria mais relevante, demográfica e em termo políticos, para elucidar o argumento em questão, é a do trabalhador migrante. Composta por quase trezentos milhões de pessoas que vivem fora de seu local oficial de registro doméstico (*hukou*)[1], essa gigantesca força de trabalho é a espinha dorsal da transformação industrial da China. Uma vez que um trabalhador migrante deixa o local de registro de seu *hukou*, ele renuncia a qualquer direito à reprodução subsidiada pelo Estado, tornando-se efetivamente um cidadão de segunda classe em seu próprio país. Talvez seja óbvio que a única razão pela qual centenas de milhões de pessoas façam essa escolha é porque não conseguem sobreviver nas áreas rurais empobrecidas de onde originam e são compelidas pelas forças do mercado a procurar por trabalho nos centros urbanos.

As relações de trabalho capitalistas eram politicamente controversas quando surgiram pela primeira vez na China no final dos anos 1970, já que muitos membros do PCCh ainda apoiavam o sistema maoísta de emprego vitalício, a chamada "tigela metálica de arroz".[2] Esse debate, porém, se encerrou na década de 1990, muito claramente sinalizado pela Lei do Trabalho de 1994, que estabeleceu uma estrutura legal para o trabalho assalariado. Em vez de

---

[1] Kam Wing Chan, *China's hukou system at 60: continuity and reform*, 2019.
[2] Xiaobo Lu e Elizabeth J. Perry, *Danwei: The Changing Chinese Workplace in Historical and Comparative Perspective*, 1997.

inaugurar um mercado de trabalho altamente regulamentado nos moldes socialdemocrata (como era o desejo de muitos reformadores), o trabalho foi mercantilizado, mas permaneceu altamente informal[3]. Mesmo após a implementação da Lei de Contratos de Trabalho em 2008, voltada especificamente a garantir a prevalência de instrumentos laborais formais, o número de trabalhadores migrantes com contratos *caiu* ao longo do início dos anos de 2010, atingindo a cobertura, em 2016, de apenas 35,1%[4].

Os trabalhadores sem contrato não têm proteções legais, o que torna extremamente difícil encaminhar violações aos direitos trabalhistas. Além disso, o seguro social – incluindo seguro saúde, pensões, seguro de acidente de trabalho, desemprego e "seguro de nascimento" – depende do empregador. Ser relegado à informalidade laboral produz outras formas de exclusão e dependência do mercado para as pessoas que vivem fora da área de seu registro *hukou*. Se, por exemplo, um residente de outra localidade deseja matricular seu filho em uma escola pública urbana, o primeiro requisito é apresentar um contrato de trabalho local – essa estipulação por si só elimina a grande maioria dos migrantes da escola pública. Embora os mecanismos de distribuição nominal de bens públicos, como educação, variem amplamente de acordo com a cidade, a lógica geral dá a vantagem aos que o Estado determinou serem úteis à economia local[5]. Muitas cidades grandes têm planos "de pontuação"[6] nos quais migrantes requerentes devem acumular pontos com base em uma série de métricas orientadas ao mercado de trabalho (por exemplo, nível mais alto de educação, certificação de habilidades, prêmios de "trabalhador modelo") para acessar serviços públicos. Todos os outros são deixados aos caprichos do mercado.

---

[3] Kuruvilla, Lee & Gallagher, *From Iron Rice Bowl to Informalization, Markets, Workers, and the State in a Changing China*, 2011.

[4] 年农民工监测调查报告, 2016.

[5] Eli Friedman, *Just-in-Time Urbanization? Managing Migration, Citizenship, and Schooling in the Chinese City*, 2018.

[6] Yiming Dong & Charlotte Goodburn, *Residence Permits and Points Systems: New Forms of Educational and Social Stratification in Urban China*, 2019.

A situação do proletariado urbano que trabalha no mesmo local de seu registro *hukou* é um tanto diferente e certamente melhor do ponto de vista material. Eles têm acesso à escola pública, possivelmente algum subsídio para moradia e são muito mais propensos a ter um contrato de trabalho formal. A assistência social na China não é generosa, a parcela do PIB correspondente aos gastos sociais esta muito abaixo da média da OCDE[7], mas os residentes urbanos têm maior chance em acessá-los. Profundas desigualdades regionais e de classe, bem como problemas fiscais se disseminam pelo sistema[8]. Como resultado, não há dúvida de que mesmo esses grupos relativamente privilegiados devem se fazer úteis ao capital a fim de garantir assistência médica adequada, moradia digna ou segurança na aposentadoria. O programa de subsistência *dibao*[9] não é suficiente, nem busca sustentar a reprodução em um nível socialmente aceitável.

## Poder Político

Não apenas a economia da China é capitalista, mas o Estado agora governa segundo os interesses gerais do capital. Como em todos os outros países capitalistas, o Estado chinês tem sua própria autonomia relativa e pode-se debater qual dos estados é *mais* autônomo. Mas é bastante evidente que o Estado chinês engatou na marcha do valor capitalista, o que resultou em uma mudança profunda na gestão pública.

Essa lógica centrada no capital é óbvia na política do chão de fábrica. A China viveu uma explosão de insurgência dos trabalhadores nas últimas três décadas, e o país é o líder global em greves selvagens[10]. Como o Estado responde quando os trabalhadores empregam a consagrada tradição de recusar trabalho para o capital? Embora cada greve tenha,

---

[7] OECD, *Society at a Glance 2016: OECD Social Indicators*, 2016.
[8] Chuang, *Left to Rot: The Crisis in China's Pension System*, 2020.
[9] Dorothy J. Solinger, *The Urban Dibao: Guarantee for Minimum Livelihood or for Minimal Turmoil?*, 2010.
[10] Eli Friedman, Zhongjin Li e Hao Ren, *China on Strike Narratives of Workers' Resistance*, 2016.

inevitavelmente, seu caráter único, a polícia intervém quase exclusivamente em nome do patrão, um serviço que prestam igualmente a empresas privadas nacionais, estrangeiras e estatais. Há inúmeros casos em que a polícia ou capangas bancados pelo Estado usaram de coerção para encerrar uma greve. Um exemplo bastante destacado foi a violenta repressão policial à greve de 40.000 trabalhadores na fábrica de calçados Yue Yuen[11], de propriedade taiwanesa – a ironia histórica da polícia de choque intervindo em nome dos capitalistas taiwaneses não passou despercebida pelos trabalhadores. Se a greve coloca elegantemente a pergunta: "De que lado você está?", o Estado chinês deixa sua escolha bastante evidente.

A violência de Estado também é empregada no policiamento de trabalhadores informais no espaço público urbano. A tão odiada *"chengguan"*[12] — uma força policial formada em 1997 com o propósito de fazer cumprir regulamentações não-criminais — em inúmeras ocasiões empregou métodos coercitivos chocantes para dispersar camelôs e outros vendedores ambulantes informais[13]. A brutalidade policial regularizada[14] gerou uma animosidade profunda e amplamente difundida entre os trabalhadores informais do país e as revoltas anti-*chengguan* são generalizadas. No exemplo talvez mais espetacular e violento, os trabalhadores migrantes em Zengcheng, Guangdong, foram às ruas em massa em 2011, quando se espalhou um rumor de que uma mulher grávida teria tido um aborto espontâneo depois de ter sido agredida em uma operação da *chengguan*. Após dias de tumultos generalizados, o Exército de Libertação Popular reprimiu violentamente a insurreição[15].

---

[11] Stefan Schmalz, Brandon Sommer & Hui Xu, *The Yue Yuen Strike: Industrial Transformation and Labour Unrest in the Pearl River Delta*, 2017.

[12] Matt Schiavenza, *Meet the "Chengguan": China's Violent, Hated Local Cops*, 2013.

[13] Sarah Swider, *Reshaping China's Urban Citizenship: Street Vendors, Chengguan and Struggles over the Right to the City*, 2015.

[14] HRW Report, *"Beat Him, Take Everything Away" Abuses by China's Chengguan Para-Police*, 2012.

[15] "Zengcheng riot: China forces quell migrant unrest", BBC, 2011.

Se pensarmos no capital não apenas como uma relação econômica baseada na exploração, mas como uma relação política[16] na qual o trabalho é subordinado, existem outras formas importantes pelas quais a ação do Estado é condizente com a lógica do capital. No momento em que a RPC estava embarcando em sua transição capitalista, Deng Xiaoping, em 1982, decidiu retirar o direito de greve da Constituição. Combinada com essa restrição dos direitos trabalhistas existe a proibição contínua da auto-organização dos trabalhadores. O único sindicato legal é a Federação de Sindicatos da China, uma organização explicitamente subordinada ao PCCh e implicitamente subordinada ao capital no local de trabalho. É prática corrente que os gerentes de RH de empresas sejam indicados como presidentes de sindicatos, sem nem sombra de participação democrática dos trabalhadores. É desnecessário dizer que os trabalhadores não veem esses sindicatos como representantes significativos de seus interesses, e suas tentativas de construir organizações autônomas têm enfrentado severa repressão.

A subjugação política do proletariado se estende também às estruturas estatais formais. Assim como outros cidadãos, os trabalhadores não têm capacidade de se auto-organizar na sociedade civil, formar partidos políticos ou exercer qualquer tipo de delegação política. Dependem inteiramente da boa vontade do PCCh em representá-los. O Partido já não alega representar os interesses dos trabalhadores e camponeses contra seus inimigos de classe – desde que admitiu capitalistas no partido e apresentou o conceito de "Três Representações"[17] sob Jiang Zemin, o partido pretende representar os "interesses fundamentais da esmagadora maioria do povo chinês". Junto à proibição efetiva do Estado em reconhecer o antagonismo de classes[18], claramente a base social do unipartidarismo sofreu uma profunda contrarrevolução.

---

[16] Harry Cleaver, *Reading Capital Politically*, 1979.
[17] "What Is 'Three Represents' CPC Theory?", *China Internet Information Center*, 2000.
[18] Yingjie Guo, *Farewell to Class, except the Middle Class: The Politics of Class Analysis in Contemporary China*, 2009.

Mesmo uma avaliação superficial da composição social do governo central revela que o capital não apenas tem bom acesso ao poder do Estado, mas é fundamentalmente *inseparável* do poder do Estado. O número de representantes dos "trabalhadores da linha de frente" na Assembleia Popular Nacional (APN) caiu para apenas 2,89% durante a sessão de 2003-2008[19], um declínio dramático desde os anos 1970. Uma concentração surpreendente de plutocratas na APN e no Congresso Consultivo Político do Povo Chinês é mais um indicativo da formalização do poder político do capital: em 2018, os 153 membros mais ricos desses dois órgãos do governo central tinham uma fortuna combinada estimada em 650 bilhões de dólares[20]. A legislatura buscou incorporar as pessoas que fizeram seus bilhões no setor privado, como Pony Ma, chefe da gigante da internet Tencent. Mas a conversão entre poder econômico e político também funciona na outra direção: a família de Wen Jiabao (o ex-premiê) alavancou suas conexões políticas e acumulou uma riqueza pessoal estimada em 2,7 bilhões de dólares[21]. Na República Popular da China do século XXI, capital gera poder político assim como o poder político gera capital.

A afirmação do partido de que a China é socialista simplesmente não tem base na realidade. Existem, no entanto, algumas características econômicas que são bastante diferentes do modelo básico, em 2020, de país capitalista e, portanto, merecem um pouco mais de atenção.

## Envolvimento do Estado na economia

Não há dúvida de que a intervenção do Estado chinês na economia é mais ampla do que na maioria dos países capitalistas. Mas, se estamos preocupados com o capitalismo em geral, em vez de sua forma neoliberal relativamente nova, a China não parece tão excepcional. A contribuição das empresas estatais chinesas

---

[19] Zhao Xiaoli, *On the composition of the deputies in the National People's Congress of China*, 2012.
[20] Sui-Lee Wee, *China's Parliament Is a Growing Billionaires' Club*, 2018.
[21] David Barboza, *Billions in Hidden Riches for Family of Chinese Leader*, 2012.

para o PIB é de 23% a 28%[22] – um número certamente alto para o mundo de hoje. Mas *dirigismo* não é nada novo para o capitalismo, aparecendo não só em seu país de origem, a França, mas em uma variedade de países fascistas, na Índia pós-independência e até mesmo em Taiwan sob o controle do KMT, onde empresas estatais contribuíram com quase um quarto do PIB do país[23] até a década de 1980. A intervenção estatal orientada para aumentar a eficiência, lucratividade e previsibilidade não é antitética ao capitalismo, mas um componente necessário.

Voltando mais uma vez à perspectiva dos trabalhadores, veremos que a diferença entre capital estatal e capital privado é mínima. Dezenas de milhões[24] de trabalhadores do setor estatal foram demitidos na década de 1990 e no início de 2000 como parte da campanha do Estado para "quebrar a tigela metálica de arroz". Lançados em um mercado de trabalho para o qual estavam totalmente despreparados, essa campanha de privatização gerou crises de subsistência e resistência massiva[25] entre os antigos senhores da nação.

Após essa onda de contenção e roubo das pensões dos trabalhadores e outras propriedades públicas, as estatais restantes foram submetidas a "orçamentos rígidos" e forças de mercado, inclusive em seus regimes trabalhistas[26]. Como o sociólogo Joel Andreas documentou extensivamente, os experimentos reconhecidamente imperfeitos com democracia no local de trabalho na era Mao foram estripados pela mercantilização[27], e os trabalhadores das estatais estão agora igualmente subordinados à administração como em uma empresa privada. Essas empresas não são de forma alguma propriedade *pública* – elas pertencem e são controladas por um Estado que não dá satisfações.

---

[22] World Bank, *How Much Do State-Owned Enterprises Contribute to China's GDP and Employment?*, 2019.

[23] Ming-sho Ho, *Manufacturing Loyalty: The Political Mobilization of Labor in Taiwan, 1950-1986*, 2010.

[24] Dorothy J. Solinger, *Labour Market Reform and the Plight of the Laid-off Proletariat*, 2002.

[25] Feng Che, *Subsistence Crises, Managerial Corruption and Labour Protests in China*, 2000.

26 Mary E. Gallagher, *"Time is money, efficiency is life": The transformation of labor relations in China*, 2004.

[27] Joel Andreas, *Disenfranchised: The Rise and Fall of Industrial Citizenship in China*, 2019.

A isso se relaciona, mesmo de forma distinta, a questão da terra. Na verdade, todas as terras urbanas são de propriedade do Estado, enquanto todas as terras rurais são propriedade coletiva dos residentes locais. Mas, como um grande volume de pesquisa demonstrou, a separação entre direitos de uso e direitos de propriedade iniciou usos inconfundivelmente capitalistas da superfície da terra. Nas cidades, isso significou um *boom* sem precedentes históricos na construção de moradias mercantilizadas que, como já observado, está totalmente orientada às vontades do mercado. Os governos urbanos são muito dependentes fiscalmente[28] dos lucros dos leilões de terras, levando a um estreito alinhamento de seus interesses com os das incorporadoras.

Os portadores de *hukou* rural têm direito a um lote de terra, embora, como a migração em massa do campo para a cidade indica, raramente é suficiente ou de qualidade suficiente para sustentar a reprodução social. A expansão territorial das cidades resultou na expropriação em massa dos camponeses. Assim como com os trabalhadores das empresas estatais, os camponeses têm pouca capacidade de exercer supervisão ou controle sobre suas terras (nominalmente) coletivas e os dirigentes das aldeias falam em nome do coletivo. A consequência tem sido ciclos intermináveis de expropriação de terras[29] em que os camponeses geralmente recebem uma fração do valor de mercado de suas terras, enquanto os quadros partidários e as incorporadoras faturam. Finalmente, para as pessoas que mantêm terras rurais, a agricultura na China passou por uma profunda transformação capitalista[30], com os direitos de uso da terra sendo consolidados pelo agronegócio enquanto vários insumos também são mercantilizados. Que a terra seja formalmente coletiva pouco altera esse processo.

---

[28] Meg E. Rithmire, *Land Bargains and Chinese Capitalism: The Politics of Property Rights under Reform*, 2015.
[29] China Survey, *China's farmers benefiting from land reform*, 2011.
[30] Chuang, *The capitalist transformation of rural China: Evidence from "Agrarian Change in Contemporary China"*, 2015.

A lógica da produção de valor capitalista insinuou-se na economia e no Estado, reformulando drasticamente a estrutura social da China. Mas compreender as relações de classe da China contemporânea é apenas o primeiro passo. É necessária uma avaliação mais completa da complexa co-constituição de classe e outras formas de hierarquia social baseadas em raça, gênero, geografia e cidadania para formular uma resposta política adequada ao atual momento de profunda crise. Toda uma série de questões práticas prementes não pode ser resolvida com base apenas na análise de classe, para não falar da abordagem liberal ou etnonacionalista dominante: como devemos interpretar os esforços do Estado chinês em estrangular politicamente a resistência social em Hong Kong, suas promessas de anexar Taiwan e projetos de assentar colonos han em Xinjiang e no Tibete? O enorme crescimento do investimento global sob a Nova Rota da Seda indica um império capitalista emergente? Qual seria uma resposta adequadamente radical, antinacionalista e anti-imperialista para o conflito EUA-China em intensificação?

Essas são algumas das perguntas mais urgentes que a esquerda enfrenta hoje e não há respostas simples. Uma coisa é certa: as falsas promessas do Estado chinês de guiar unilateralmente o mundo para um futuro socialista devem ser completamente rejeitadas pelos anticapitalistas. As palavras de Marx em *A Ideologia Alemã* ainda soam verdadeiras hoje: "O comunismo não é para nós um *estado de coisas* [*Zustand*] que deve ser instaurado, um *Ideal* para o qual a realidade deverá se direcionar. Chamamos de comunismo o movimento *real* que supera o estado de coisas atual." Por mais reconfortante que seja acreditar que uma superpotência emergente construirá o mundo que queremos, isso é uma ilusão. Teremos que construí-lo por nós mesmos.

## 2.
## Porque a China não é capitalista (apesar das Ferraris cor-de-rosa)[1]

*Uma resposta a Eli Friedman*

Richard Smith[2]

---

[1] "Why China isn't Capitalist, despite the pink Ferraris", *Specter Journal*, 17 ago. 2020, disponível em: https://spectrejournal.com/why-china-isnt-capitalist-despite-the-pink-ferraris/.
[2] Membro fundador do grupo "System Change, not Climate Change", baseado nos EUA, é formado em História Econômica e autor dos livros *China's Engine of Environmental Collapse* (Pluto Press, 2020) e *Green Capitalism: the god that failed* (World Economic Association Press, 2022).

Em seu ensaio, Eli Friedman diz que "a China do século XXI é capitalista. Isso representa uma transformação dramática para um país que tinha basicamente abolido a propriedade privada dos meios de produção no final da década de 1950". No entanto, hoje, "Indicadores do capitalismo chinês são abundantes. As metrópoles do país são adornadas com lojas da Ferrari e da Gucci, logotipos corporativos estrangeiros e nacionais estão estampados por toda paisagem, e moradias de luxo e arranha-céus brotam por todos os principais núcleos urbanos." E a China se tornou "um dos mais desiguais" países do mundo. Além das aparências, para Friedman, a prova definitiva de que a China agora é capitalista é que "a produção de mercadorias foi universalizada. Isso é visível nas vastas cadeias de abastecimento transnacionais que estão centradas na China, onde a exploração dos trabalhadores chineses em fábricas... é orientada, antes de tudo, para a geração de lucros, e não para responder às necessidades humanas."

Eu argumentaria que a produção de mercadorias não foi universalizada em toda a economia. A própria força de trabalho não foi completamente mercantilizada, porque as empresas chinesas fazem uso extensivo de mão de obra não-livre: estudantes universitários foram forçados pelo governo a trabalhar nas fábricas da Foxconn, que produz para a Apple, com salários abaixo do mínimo, sob pena de terem o direito de se formar negado. As empresas chinesas fazem produtos de exportação com trabalho escravo em Xinjiang e em dezenas de campos de trabalhos forçados em todo o país[3]. Embora o mercado domine de modo mais visível nos bens de consumo, varejo e serviços urbanos, assim como nas regiões costeiras de

---

[3] Jenny Chan, Pun Ngai e Mark Selden, *Interns or workers? China's student labor regime*, 2019. Jon Kelly, *The SOS in my Halloween decorations*, 2018.

investimento estrangeiro, as Zonas Econômicas Especiais (ZEEs), na maior economia dominada pelo Estado no mundo, a propriedade e planejamento estatal ainda prevalecem.

O capitalismo é um sistema econômico baseado na produção generalizada de mercadorias, um sistema no qual todos os fatores de produção – terra, trabalho, meios de produção e capital – são transformados em bens comercializáveis. O trabalho, mercadoria "especial", é completamente espoliado, de tal forma que o trabalhador não tem mais nada a vender, a não ser sua força de trabalho. O outro lado desse processo de "acumulação primitiva" é que, por meios violentos e distintos, novas classes de capitalistas agrários e industriais garantem o monopólio dos principais meios de produção. Tal sistema de desigualdade de poder e propriedade só pode ser garantido pela instituição da propriedade privada, devidamente respaldada no poder estatal policial e no judiciário. Nunca houve uma economia capitalista sem propriedade privada.

A China tem alguns desses pré-requisitos do capitalismo, mas não todos. A maioria do trabalho foi mercantilizado. Há uma burguesia nacional que possui meios de produção significativos. Mas não há propriedade privada na China. Mao aboliu a propriedade privada em 1956, e ela nunca foi restaurada. Na China, todas as terras, recursos naturais e a maioria dos meios de produção permanecem nas mãos do partido, ou seja, da classe dominante do Partido Comunista. A classe média urbana pode comprar seus condomínios, mas não possui os terrenos sob os edifícios. Eles não têm de fato propriedade de seus apartamentos, porque os governos locais podem, de maneira arbitrária, confiscar edifícios residenciais – e o fazem –, expulsar os proprietários nominais, derrubá-los para fazer novos projetos de infraestrutura e obrigar os antigos "proprietários" a aceitar uma proposta de "pegar ou largar", ou ficar sem nada.[4] Os capitalistas podem estabelecer fábricas. Mas eles o fazem ao bel-prazer do partido. Seus negócios podem ser, e às vezes são, arbitrariamente apreendidos, sem direito a recurso. E os capitalistas? Se a China é capitalista, onde

---

[4] Diversos desses casos são debatidos em Qin Shao, *Shanghai Gone*, 2013, assim como em Aidan Denahy, *In China's countryside, housing complexes are built to be torn down*, 2020.

estão os capitalistas? Como veremos abaixo, muitos sobrevivem, mas desde que as repressões anticapitalistas de Xi começaram em 2013, muitos capitalistas proeminentes foram presos e seus bens foram confiscados – por serem capitalistas. Que tipo de capitalismo é esse?

## Entre o capitalismo e o coletivismo burocrático

Como explico em meu novo livro, *O motor chinês de colapso ambiental*[5], há muito capitalismo na China hoje: há capitalismo de Estado, capitalismo de compadrio, capitalismo gângster, capitalismo normal – a China tem todos eles. A China tem mais bilionários do que os EUA[6]; muitas indústrias estatais produzem extensivamente para o mercado e a maioria da força de trabalho é autônoma ou trabalha para empresas privadas. Mesmo assim, não é uma economia capitalista, pelo menos não principalmente capitalista. É mais bem descrita como uma economia híbrida burocrática coletivista-capitalista, na qual o setor estatal burocrático coletivista é esmagadoramente dominante. Os governantes do Partido Comunista da China não são proprietários privados de sua economia como os capitalistas. O Estado é dono da maior parte da economia e o PCCh é dono do Estado – coletivamente. O mercado não organiza a maior parte da produção na China. A reforma do mercado há muito tempo parou na China, o que Minxin Pei chamou de "transição presa".[7] Em quarenta anos de "reforma e abertura de mercados", a China nunca pulou um Plano Quinquenal ou deixou de definir uma meta de crescimento anual. A China continua sendo uma economia predominantemente estatal e planejada. Como colocou Yasheng Huang, do MIT, "o tamanho da economia privada chinesa, em especial, seu componente nativo, é muito pequeno", composto sobretudo de empresas menores, trabalhadores e agricultores autônomos.[8]

---

[5] Richard Smith, *China's Engine of Environmental Collapse*, 2020.

[6] Noventa por cento dos bilionários chineses são membros do Partido Comunista. Alguns ganharam dinheiro enquanto empreendedores capitalistas, como Jack Ma, do Alibaba. Mas a maioria se enriqueceu expropriando milhões de camponeses e vendendo suas terras a construtoras, pelo saque do Estado, bancos públicos e empresas, fundos de pensão e outros meios.

[7] Minxin Pei, *China's Trapped Transition: The Limits of Developmental Autocracy*, 2006.

[8] Yasheng Huang, *Capitalism with Chinese Characteristics*, 2008, p. 8.

## Economia tripartite

Hoje, os governantes da China presidem um gigante industrial e comercial, o chão de fábrica da indústria leve do mundo, maior fabricante, maior exportador, e a segunda maior economia do globo, com um PIB de 14 trilhões de dólares, uma série de empresas estatais da Fortune 500 e o maior fundo de riqueza soberana do planeta, com 3 trilhões de dólares. Os conglomerados estatais da China figuram entre as maiores empresas do mundo. Na década de 1980, nenhuma empresa da República Popular da China estava na lista Fortune Global 500. Em 2017, a China tinha 115 empresas na lista, com a State Grid, Sinopec e China National Petroleum (CNPC) em segundo, terceiro e quarto lugares. Todas, com exceção de quatro das 115 empresas, incluindo todas as maiores, eram estatais[9]. James McGregor escreve que "das 69 empresas da China continental na Fortune Global 500 em 2012, apenas sete não eram estatais, [e todas essas sete] empresas receberam assistência estatal significativa, a maioria possuindo entidades governamentais entre seus acionistas". Entre os setores-chave, as empresas estatais possuem e controlam de 74% a 100% dos ativos. Os principais bancos da China são 100% estatais (existem centenas de bancos de investimento privado com capital estrangeiro, mas eles têm restrições de investimento).[10] O governo também possui 51% ou mais das milhares de *joint ventures* voltadas para exportação com empresas multinacionais, desde a Audi até a Xerox, que impulsionaram a ascensão da China nas últimas décadas. O governo também comprou uma série de empresas estrangeiras, incluindo a Volvo, Syngenta, Smithfield Farms, Pirelli e Kuka Robotics, que administra mais ou menos como empresas capitalistas

---

[9] Scott Cendrowski, *China's global 500 companies are bigger than ever — and mostly state-owned*, 2015. Em 2017, quatro empresas chinesas privadas chegaram à lista da Forbes pela primeira vez: Anbang, n. 139; Alibaba, n. 462; Tencent, n. 476; e Country Garden (mercado imobiliário), n. 467. Celine Ge, *Alibaba, Tencent Included in Fortune Global 500 List for First Time*, 2017. Mas Anbang não ocupou a lista em 2018 porque sua valorização foi vista como fraudulenta, a empresa faliu e, no momento de redação deste texto (março 2018), dependia de ajuda do Estado. Anjani Trivedi e Julie Steinberg, "China Conglomerate Gets Lifeline", *Wall Street Journal*, 2018.

[10] James McGregor, *No Ancient Wisdom, No Followers: the Challenges of Chinese Authoritarian Capitalism*, 2012, p. 4-5, p. 16-19 (citação p. 57) e incluindo enquanto fonte o presidente da Comissão de Supervisão e Administração de Ativos estatal.

estatais, além de ter ações em muitas empresas ocidentais, incluindo 10% da alemã Daimler (Mercedes Benz).

Quarenta e dois anos após a introdução das reformas de mercado, o governo ainda tem propriedade e controle dos postos de comando da economia: setor bancário, mineração e manufatura em larga escala, indústria pesada, metalurgia, navegação, geração de energia, petróleo e petroquímicos, construção civil e maquinaria pesada, energia atômica, setor aeroespacial, telecomunicações e internet, veículos (alguns em parceria com empresas estrangeiras), fabricação de aeronaves (em conjunto com a Boeing e Airbus), companhias aéreas, ferrovias, indústria farmacêutica, biotecnologia, produção militar e muito mais. Os investidores estrangeiros há muito reclamam que foram deixados de lado nos setores estratégicos, sendo forçados a aceitar parceiros estatais chineses em *joint ventures*, em vez de estabelecer operações totalmente próprias nos poucos setores abertos a eles.[11] Em 2018, a Tesla foi autorizada a criar a primeira fábrica de automóveis de propriedade completamente estrangeira na China.

Na verdade, a China tem uma extensa economia de mercado capitalista, em paralelo ao setor estatal. De fato, hoje o setor privado emprega quase o dobro de trabalhadores que o setor estatal.[12] O setor capitalista doméstico da China é composto, de preferência, por uma miríade de pequenas e médias empresas e trabalhadores autônomos. A grande maioria dos negócios são pequenas minas de carvão, construtoras locais, pequenas siderúrgicas, empresas têxteis

---

[11] Tom Mitchel, em artigo para o *Financial Times*, afirma: "Quer entrar nas chamadas indústrias 'estratégicas' de Pequim, hoje dominadas por cerca de 120 empresas estatais altamente centralizadas? Perdão, mas as portas para os setores de energia, ferrovias e telecomunicações – para citar apenas alguns exemplos – estão firmemente fechadas. Quer manufaturar e vender carros no maior mercado de automóveis do mundo? A única via é uma parceria de 50 – 50 com uma *joint venture* local. Algumas das portas pelas quais investidores estrangeiros podem atravessar hoje foram formalmente abertas há 14 anos, quando a China aderiu à Organização Mundial do Comércio. Porém, para as empresas multinacionais que celebraram a ascensão chinesa, as rodadas de negociação seguintes fracassaram na abertura de seus mercados. Para investidores estrangeiros e reformadores chineses, o resultado foi uma 'década perdida', em que o apetite de Pequim por ousadas reformas de mercado foram dissipadas." Ver em "A porta Chinesa para investimento em riquezas reais segue trancada", *Financial Times*, 2015.

[12] Em 2016, as empresas estatais empregavam 61.7 milhões de trabalhadores, entidades de propriedade coletiva, 4.53 milhões e os empregos no setor privado e trabalhadores autônomos totalizavam 120.8 milhões de trabalhadores. *Statista.com*, 2020.

e de vestuário, sapateiros, lojas de varejo, supermercados, restaurantes, caminhoneiros autônomos, entregadores, taxistas, empresas familiares, agricultores e afins. O setor privado também inclui grandes empresas como a Baidu (a gigante de pesquisa na internet que domina o mercado chinês desde a saída do Google), Tencent (de mensagens instantâneas), o Alibaba de Jack Ma, a gigante de telecomunicações Huawei, empreiteiras como a Dalian Wanda Group e a SOHO China, processadores de alimentos como Wahaha Corp., e companhias de seguros como a Anbang. Nos anos 2000, bilionários começaram a pipocar da noite para o dia por toda parte: Anbang Insurance Group, antes uma pequena e pacata companhia de seguros de automóveis fundada em 2004 por um rapaz que se casou com uma neta de Deng Xiaoping, de repente, em 2014, listava ativos de 295 bilhões de dólares após atrair grandes somas (de origem desconhecida), investidos pelos filhos e netos de Deng e outros dirigentes. Depois, a Anbang foi usada para transferir seu dinheiro para o exterior, comprando propriedades estrangeiras, incluindo o hotel de luxo Waldorf Astoria, de Nova York.[13]

No quadro bastante obscuro das propriedades na China, hoje, é quase impossível saber quais empresas são totalmente privadas.[14] Uma boa regra é que, quanto maior a empresa, maior a probabilidade de o Estado possuir uma parcela significativa de seu controle. Um estudo do governo dos EUA em 2011 descobriu que empresas estatais, junto com as indústrias governamentais urbanas, de cantões e aldeias (ditas de propriedade coletiva) são responsáveis por metade do PIB não agrícola atual da China. As *joint ventures* entre capital estrangeiro e o governo chinês, sobretudo nas ZEEs, representam cerca de 30% do PIB não agrícola. O setor privado propriamente

---

[13] Michael Forsythe, *Behind China's Anbang: empty offices and obscure names*, 2016; *A Chinese mystery: who owns a firm on a global shopping spree?*, 2016.

[14] Por exemplo, Huawei, a empresa de smartphones e equipamento de telecomunicação, afirma ser de propriedade dos trabalhadores. Pesquisadores do ocidente não conseguiram determinar de fato quem era o proprietário da Huawei, mas concluíram que, seja lá quem for o dono, certamente não são os trabalhadores. Assume-se que a Huawei é financiada pelo saque dos cofres do governo pelos "principezinhos" do PCCh. Raymond Zhong, *Who owns Huawei? The company tried to explain. It got complicated*, 2019.

chinês é responsável pelo resto, cerca de 20% do PIB não agrícola.[15] Outras estimativas colocam a participação do Estado em dois terços.[16] De qualquer maneira, o Estado possui pelo menos metade da economia industrial, sendo que controla o resto.[17] A agricultura é nominalmente privada, mas os agricultores não possuem nada, nem suas fazendas, nem suas casas, e dezenas sofreram confisco de suas terras com ou sem indenização, mas sem direito a recorrer.

## A decapitação da burguesia nacional pela "lista de abate dos porcos"

O Partido Comunista mantém com rédea curta seus capitalistas domésticos. Empreendedores bem-sucedidos logo descobrem que precisam de um "parceiro" estatal, ou o governo cria concorrentes para empurrá-los para fora do mercado, ou forçá-los a venderem seus negócios.[18] Pior, entre os que têm seus nomes na lista de cidadãos mais ricos do mundo da *Forbes,* ou na Lista Hurun de Ricos (elaborada por Rupert Hoogewerf), existe ainda o risco de atraírem atenção indesejada do governo; eles são presos ou desaparecem sem deixar rastros em "taxas alarmantes."[19] Em apenas um ano, em 2015, pelo menos 34 altos executivos de empresas chinesas foram presos

---

[15] Andrew Szamosszegi e Cole Kyle, *An Analysis of State-owned Enterprises and State Capitalism in China,* US-China Economic and Security Review Commission, 2011.

[16] Barry Naughton, *The Chinese Economy: Transitions and Growth,* 2007, escreve que "já em 1996, a China havia desenvolvido uma espécie de tripé na estrutura industrial, em que empresas estatais, coletivas e privadas (domésticas ou estrangeiras) geravam, cada uma, cerca de um terço da produção", p. 301. Uma vez que as empresas coletivas são apenas uma outra categoria para as propriedades do governo, dois terços do PIB são produzidos por entidades governamentais, segundo Naughton. Yasheng Huang estima que o setor privado doméstico "muito pequeno" representa apenas 22% da produção industrial de 2005; *Capitalism with Chinese Characteristics,* 2008, p. 8 e 18.

[17] Quanto ao controle estatal do setor bancário, ver Carl E. Walter e Fraser J. T. Howie, *Red Capitalism: The Fragile Foundations of China's Extraordinary Rise,* 2012. p. 31-33 e seguintes. Ver Henry Sanderson e Michael Forsythe, *China's Superbank,* 2013. Barry Naughton, *Chinese Economy: Transitions and Growth,* 2007, p. 190, 299-304 e 325.

[18] Huang, 2008.

[19] Michael Wines, *In crackdown, Chinese home appliance tycoon receives 14 years in prison for graft,* 2010. Michael Forsythe, *Chinese Billionaire [Xu Xiang] is Arrested in Inquiry,* 2015. James T. Areddy, *Mystery Probe Nets Chinese Billionaire [Guo Guangchang],* 2015. Michael Forsythe, *Chinese Businessman [Xu Ming], 44 Dies in Prison,* 2015.

pelo Estado, incluindo o CEO da Fosun, que havia adquirido o Club Med no mesmo ano.[20] Os chineses chamam essas listas de *sha zhu bang*, "lista de abate dos porcos". Conforme a campanha anticorrupção de Xi ganhava força a partir de 2013, magnatas eram derrubados por todos os lados.[21] Em 2015-2016, os ricos da China canalizaram mais de um trilhão de dólares para fora do país, principalmente através de investimentos em empresas privadas, incluindo HNA, Fosun, Dalian Wanda, Anbang e outros que compraram hotéis (Hilton, Starwood e outros), AMC Entertainment, Legendary Entertainment, Cirque du Soleil, times de futebol e propriedades ao redor do mundo – em grande parte para lavar e estacionar seus montantes em um país onde o Estado de Direito protegeria seus ativos.[22]

Xi, ansioso por estancar a fuga de "dinheiro quente", temeroso das perdas do governo em empréstimos estatais a empresas privadas e determinado a impedir o surgimento de uma classe superpoderosa de capitalistas ricos, combateu-os.[23] Foi atrás dos chamados "rinocerontes cinzas", cujas empresas de alta alavancagem e investimentos estrangeiros "irracionais" ameaçavam a estabilidade financeira. CEOs foram acusados de crimes econômicos, presos, e seus bens e empresas apreendidos.[24] Em junho de 2017, ele derrubou o CEO da Anbang, Wu Xiaohui, o segurador de automóveis que se casou com uma das netas de Deng Xiaoping. Wu teve uma sentença de 18 anos de prisão. Sua empresa foi nacionalizada e o Estado está se desfazendo de suas propriedades. Em julho,

---

[20] Michael Posner, *China's disappearing billionaires—an alarming trend*, 2016. Michael Forsythe, *Billionaire is reported seized from Hong Kong hotel*, 2017 (artigo referente ao sequestro-estatal de Xiao Jianhua, banqueiro da classe dominante e prestador de "serviços diferenciados" para a família Xi Jinping que, aparentemente, sabia demais). Não se sabe o paradeiro de Xiao desde sua captura teatral no hotel Four Seasons de Hong Kong.

[21] Rebecca Chao, *Why do Chinese billionaires keep ending up in prison*, 2018.

[22] Michael Forsythe e Alexandra Stevenson, *Murky firm is behind a donation of $18 billion*, 2017. Neste caso um prestador de "serviços diferenciados" substituto doou 18 bilhões de dólares, 29% do valor da HNA Corp., para uma fundação chinesa baseada em Nova Iorque, colocando-a em mãos seguras de membros familiares, potencialmente fora do escopo do governo chinês. Ver também David Barboza, *Behind a Chinese powerhouse, web of family financial ties*, 2018.

[23] Richard McGregor, *China takes on the tycoons*, 2017. Wang Yanfei, *SOEs outbound risks to be contained*, 2017.

[24] Gabriel Wildau et al., *China to clamp down on outbound M&A in war on capital flight*, 2016. Keith Bradsher e Sui-Lee Wee, *In China, herd of "gray rhinos" threatens economy*, 2017.

Wang Jianlin (do Grupo Dalian Wanda), falastrão empreendedor imobiliário, magnata do entretenimento e homem mais rico da lista Hurun na China, que certa vez prometeu "derrotar a Disney", foi obrigado a vender seus parques temáticos e hotéis para pagar os bancos estatais. Wang Shi, fundador da China Vanke, maior construtora/incorporadora do país, embora não fosse acusado de nenhum crime, foi forçado a deixar sua empresa, adquirida então por empresas estatais em 2017. Em março de 2018, Chen Feng, CEO da HNA (um conglomerado de serviços que vão de aviação a finanças, sediado em Hainan), o maior dos esbanjadores, que acumulou imóveis de luxo em seis continentes, tendo uma participação de 10% no Deutsche Bank, 25% no Hilton Hotéis, dezenas de bilhões em mansões e edifícios em Manhattan, empresas suíças etc., recebeu a ordem de vender imóveis e outros ativos "que ficassem de fora da agenda política de Beijing". Em 2020, foi relatado que o império multibilionário de Xiao Jianhua havia sido confiscado e estava sendo desmembrado pelo Estado. Xiao, outrora um financista de confiança da elite governante, incluindo a própria família de Xi Jinping, foi sequestrado quando estava em um hotel de luxo em Hong Kong em 2017 e nunca mais se soube de seu paradeiro.[25] É assim mesmo. Como se costuma dizer na China "o Estado avança, os privados recuam" (*guo jin min tui*).

Enquanto muitos bilionários privados continuam prosperando, incluindo Jack Ma, presidente da Alibaba (membro do partido comunista muito antes de se tornar rico) e Pony Ma, fundador da Tencent Holdings Ltd., porque suas empresas ativamente possibilitam os objetivos da política industrial do partido como a promoção do consumismo e a coleta de informação de clientes etc., Xi decapitou a aspirante burguesia nacional da China, nacionalizou suas empresas, desmoralizou o setor privado, seu objetivo pretendido.[26]

---

[25] Alexandra Stevenson, *China seizes tycoon's empire, 3 years after he vanished*, 2020.
26 Xie Yu, *Regulators remove Anbang chairman Wu Xiaohui for "economic crimes", take over conglomerate*, 2018. Craig Karmin et al., *Luxury-hotel portfolio put for sale*, 2018. Sui-lee Wee, *A Disney rival in retreat*, 2017. Anjani Trivedi e Julie Steinberg, *China Conglomerate Gets Lifeline*, 2018; *Creditors call time on China's HNA*, 2018. April Ma e Lin Jinbing, *Charismatic Wang Shi stepping down as Vanke Group's Chairman*, 2017. Keith Zhai e Alfred Cang, *Xi's Warning to investors: any Chinese billionaire could fall*, 2018.

Xi é nacionalista e neomaoísta. É hostil aos capitalistas e não quer que o capital do governo, ou mesmo o privado, seja desperdiçado em quinquilharias ou canalizado para fora do país. Ele quer concentrá-lo em prioridades das políticas industriais do Estado. Além disso, no seu impulso para acabar com a pobreza na China, os bilionários suntuosos envergonham seu nivelamento social neomaoísta.

## Restaurar o capitalismo ou usá-lo para salvar o comunismo?

Nas interpretações maoístas da China, Mao tentou construir o socialismo enquanto Deng Xiaoping "restaurou o capitalismo." Esse mito não está de acordo com a história. Deng abandonou o regime autárquico de Mao, introduziu reformas de mercado e escancarou a economia ao investimento ocidental. Mas, desde o começo, tinha clareza de que a reforma não significava contrarrevolução. Não haveria privatização e nenhuma restauração do capitalismo. No período dos anos 1980 e 1990, Deng e seus camaradas ficaram chocados e horrorizados com as privatizações de Gorbachev que precipitaram o colapso do PCUS, e se comprometeram a evitar esse erro. Assim, em 1985, ele tranquilizou seus camaradas, dizendo:

> Estamos tentando conquistar a modernização da indústria, agricultura, defesa nacional e ciência e tecnologia. Mas junto da palavra "modernização" há um modificador, "socialista", tornando-a as "quatro modernizações socialistas". O socialismo tem duas exigências principais. Primeiro, sua economia deve ser dominada pela propriedade pública. Nossa economia de propriedade pública representa mais de 90% do total. Ao mesmo tempo, permitimos que uma proporção pequena da economia individual se desenvolva, absorvemos capital estrangeiro, introduzimos tecnologia avançada e até incentivamos empresas estrangeiras a estabelecer fábricas na China. Tudo isso servirá como suplemento à economia socialista baseada na propriedade pública; *não poderá miná-la e não o fará*.[27]

---

[27] Deng Xiaoping, *Fundamental Issues in Present-Day China*, 1987, p. 13.

De novo, entre janeiro e fevereiro de 1992, poucas semanas depois do colapso do Partido Comunista Soviético em dezembro, Deng realizou sua famosa "tour do sul" de Shenzhen e das outras ZEEs para apoiar as forças pró-reforma, em oposição aos conservadores que estavam prontos para fechar as ZEEs. Insistiu, ainda, que a reforma e abertura eram a única maneira para salvar o Partido Comunista, e que não era nenhum Gorbachev:

> As ZEEs carregam o sobrenome "socialismo" (shehui zhuyi) e não "capitalismo" (ziben zhuyi). Em Shenzhen, a propriedade pública continua sendo o corpo central da economia e o investimento estrangeiro representa 25%. Ainda temos superioridade, porque temos empreendimentos estatais de grande e médio porte e os empreendimentos dos cantões e das cidades. E, o que é mais importante, temos o poder do Estado em nossas mãos. Algumas pessoas pensam que um aumento do capital estrangeiro vai levar ao desenvolvimento do capitalismo e que um aumento das empresas de capital estrangeiro levará a um aumento das coisas capitalistas. Essas pessoas não têm bom senso... As empresas financiadas por estrangeiros estão restringidas pelas condições políticas e econômicas gerais de nosso país e, portanto, formam um suplemento útil à economia socialista. Em última análise, são benéficas ao socialismo.[28]

Chen Yun, o principal planejador de Mao, comparou a utilização do capitalismo na China a "um pássaro em uma gaiola". A gaiola não pode ser muito pequena, para não sufocar o pássaro, mas o pássaro deve ser contido, senão ele escapa – o capitalismo sairia do controle. Permanece até hoje assim. Há uma variedade de "coisas capitalistas" na China atual. Mas não houve privatização por atacado de bens estatais para oligarcas como na Rússia.

James McGregor, que passou mais de vinte anos na China como chefe de gabinete de Beijing do *Wall Street Journal*, e presidente da Câmara de Comércio dos EUA na China, descreve o amplo controle do Estado e o papel marginal dos capitalistas e mercados na China, nos anos 1990 e 2000, da seguinte forma:

> As estatais monopolizam ou dominam todos os setores significativos da economia e controlam todo o sistema financeiro. Os líderes

---

[28] Central Document N. 2 (1992), em Smith, *The Chinese Road*, p. 85.

partidários utilizam as estatais para construir e fortalecer a economia e reforçar o controle político monopolista do Partido. O setor privado serve de lubrificante para o crescimento e de oportunidade para as pessoas enriquecerem, desde que apoiem o Partido.[29]

Carl Walter e Fraser Howie, autores de *Red Capitalism*, veteranos do setor financeiro com participação em IPOs chinesas, escreveram em 2011:

> O Estado está envolvido em todas as etapas do mercado como regulador, formulador de políticas, investidor, empresa matriz, empresa cotada, corretora, banco e banqueiro. Em suma, o Estado atua com o quadro de funcionários das principais estatais da China.[30]

E não só o alto escalão. Como explica o executivo financeiro Joe Zhang, o alcance do Estado se estende por toda a economia, até todo tipo de indústria comum de bens de consumo:[31]

> Não apenas monopolizam (ou quase monopolizam) muitos setores e indústrias "estrategicamente importantes", mas também mantêm operações massivas em setores comuns e competitivos como a indústria manufatureira, a metalurgia, alimentos e bebidas, abastecimento de gás e água, operações de varejo, hotelaria e setor imobiliário.[32]

Além disso, enquanto classe dominante baseada no Estado determinado a "alcançar e superar os EUA", os líderes da China gastaram parte de sua crescente riqueza em renovação, modernização, atualização e vasta expansão das indústrias do Estado, transformando-as em "campeões nacionais". Hoje, entre as 500 maiores empresas da China, as estatais têm grande predominância: elas compõem 63% de todas as empresas, 83% de todos os rendimentos, 90% de todos os recursos.[33]

---

[29] James McGregor, *No Ancient Wisdom*, 2012, p. 2.
[30] Carl E. Walter e Fraser J.T. Howie, *Red Capitalism*, 2011, p. 22-25 e 212.
[31] Joe Zhang, *Party Man, Company Man*, 2014, p. 48, 175, 181-182 e seguintes. Do final dos anos 1980 até meados dos anos 2000, Zhang trabalhou como vice-presidente do Banco de Investimentos da China, presidente da Pesquisa China UBS Hong Kong, executivo do Banco Popular da China, assim como diretor do banco de investimentos do governo chinês em Shenzhen. Por isso Zhang tem uma perspectiva interna única das operações de ambos os sistemas na China.
[32] Joe Zhang, 2014, p. 96, 115-116 e 175-176.
[33] "Infographic: A Glance at Chinese State-Owned Enterprises", *China Digital Times*, 2012.

## Quando a maximização dos lucros não é a máxima

No entanto, as "corporações" estatais da China não são, em si, maximizadoras de lucros, como, por exemplo, a Temasek, empresa capitalista de propriedade estatal de Singapura ou os fundos soberanos similares. Estão satisfeitos em fazer dinheiro quando podem. Mas não são obrigados. Muitos estão falidos há décadas, mas o governo não deixa seus negócios "zumbis" quebrarem, então adia seus empréstimos *ad perpetuam*. Em quarenta anos de reforma de mercado, nenhuma estatal relevante teve permissão para declarar falência. Sua existência e propósito são ditados pelo Plano e não pelo mercado. Assim, quando o diretor de um grande conglomerado estatal foi removido por abraçar a economia de mercado com demasiado entusiasmo, um especialista em estatais chinesas da Universidade de Pequim comentou:

> Há um sistema em vigor, não é apenas uma pessoa. O nomeado pelo partido garante sua posição por apadrinhamento... e a tarefa é se envolver com os líderes estatais e proteger os ativos do governo, não maximizar os lucros.[34]

## Nada de "definhamento da economia planificada"

Por fim, o mercado também não substituiu o planejamento na economia controlada pelo Estado. Na década de 1990, especialistas chineses entusiastas do mercado ocidental previram que a China estava "expandindo além do plano."[35] Mas isso não aconteceu. Ainda que os dirigentes tenham sugerido que um dia eles "deixariam o mercado alocar recursos", apenas o fizeram de forma marginal. Ao mesmo tempo, não poderiam fazê-lo porque para ultrapassar os EUA precisam construir os tais "campeões" estatais, então necessitam direcionar recursos para o desenvolvimento de indústrias-chave e planejar a economia geral. Como exposto pela revisão da Comissão de Economia e

---

[34] James T. Areddy e Laurie Burkitt, *Shake-up at China firm shows reach of graft crackdown*, 2014.
[35] Barry Naughton, *Growing Out of the Plan*, 1995; Nicholas R. Lardy, *Markets Over Mao*, 2014.

## A Questão Chinesa

Segurança EUA-China em seu relatório anual em novembro de 2015:

> Planejamento de cima para baixo no estilo soviético continua a ser uma marca do sistema econômico e político da China. Os Planos Quinquenais continuam a guiar a política econômica da China, delineando as prioridades do governo chinês e sinalizando para autoridades e indústrias centrais e locais as áreas de futuro apoio governamental. Os Planos Quinquenais são seguidos por uma cascata de subplanos nos níveis nacional, ministerial, provincial e distrital, que tentam traduzir essas prioridades em metas específicas por região ou indústria, estratégias de políticas públicas e mecanismos de avaliação.[36]

O 11º e 12º Planos Quinquenais estabeleciam prioridades nacionais e delineavam como elas seriam alcançadas através de milhares de subplanos agrupados em três categorias: "planos abrangentes", "planos especiais" e "planos macrorregionais". Os planos regionais incluíam o gigantesco Programa de Desenvolvimento Ocidental, com foco na industrialização da China Ocidental; o Programa Delta do Rio das Pérolas, enfatizando a inovação tecnológica, e assim por diante. Centenas de planos temáticos especiais contavam com planos quinquenais para indústrias individuais, incluindo a indústria farmacêutica, de processamento de alimentos, produtos químicos, cimento e têxteis. Planos temáticos mais amplos apoiam a ciência, tecnologia, eficiência energética, ferrovias, rodovias, eletricidade, gestão de desastres e mais.

Em um importante artigo na *Modern China* em 2013, Sebastian Heilmann e Oliver Melton derrubam o argumento do "definhamento da economia planificada":

> Contrário a esta visão bastante difundida... um "fim do plano" não ocorreu na China. Desde 1993, o desenvolvimento planificado vem sendo transformado em termos de função, conteúdo, processo e métodos. Ele abriu espaço para as forças de mercado e a descentralização da autoridade responsável pela tomada de decisões, ao mesmo tempo que preserva a capacidade da burocracia estatal de influenciar a economia e garante que o partido mantenha o controle político, mesmo tendo abandonado muitos de seus antigos poderes.[37]

---

[36] *Annual Report to Congress*, US-China Economic and Security Review Commission, 2015, p. 140. Ver também Barry Naughton, *The Chinese Economy*, 2007, p. 305.

[37] Sebastian Heilmann e Oliver Melton, *The reinvention of development planning in China, 1993-2012*, 2013, p. 2.

Hoje, em vez de lançar milhares de metas de produção detalhadas, os planejadores centrais da China apenas emitem cheques para financiar seus projetos.[38] No entanto, mesmo que o planejamento tenha sido modernizado e monetizado, os planos ainda listam dezenas de metas obrigatórias e indicativas. O 12º Plano Quinquenal (2011-2015), por exemplo, visava um aumento de 7,5% no crescimento econômico, um aumento de 3,1% no uso de combustíveis renováveis no consumo de energia primária, uma redução de 16% no consumo de energia por unidade do PIB, uma redução de 30% no consumo de água por unidade do PIB, um aumento de 1,3% na cobertura florestal – até mesmo um aumento de 1,6% no número de "patentes a cada 10.000 pessoas". O plano também estipulou várias metas quantitativas: a malha ferroviária de alta velocidade deveria alcançar 45.000 quilômetros, o sistema de rodovias expressas cresceria para 83.000 quilômetros, o governo criaria 45 milhões de novos empregos durante os cinco anos de vida do plano e muito mais. O Plano também ordenou a construção de novos portos, dezenas de novos aeroportos e assim por diante.[39]

Em suma, embora haja uma quantidade considerável de capitalismo na China, sobretudo concentrado nas *joint ventures* das áreas de exportação das Zonas Econômicas Especiais que são quase completamente capitalistas, a China não pode ser propriamente entendida como uma economia política capitalista. É uma sociedade de "nova classe", uma economia híbrida burocrática coletivista-capitalista em que a propriedade estatal e o planejamento estatal dominam, em que o capitalismo está confinado como "um pássaro na gaiola".

## Implicações políticas

Voltando às implicações políticas de suas análises, Friedman pergunta: a China é só mais uma potência capitalista "em competição

---

[38] Richard McGregor, *The Party*, 2010, p. 65.
[39] Heilman e Melton, 2013, p. 4 e tabelas 1 e 2. Conselho do Estado, 12º Plano Quinquenal.

com os EUA" pela hegemonia imperialista global? Ou deveríamos acreditar "que o Estado chinês e sua oposição à ordem liderada pelos EUA personificam uma política libertadora[?]". Minha resposta é que não há nada de "libertador" na política do PCCh há muitas décadas. O Partido Comunista Chinês não é um partido socialista crível desde a década de 1920, quando era uma organização predominantemente proletária. Depois que a revolução operária foi esmagada em 1926 pelo Kuomintang, a liderança do partido ficou com a ala nacionalista de Mao. Ele abandonou o proletariado para construir um "proletariado substituto", uma burocracia-partidária-militar oriunda de elementos pequeno-burgueses heterogêneos e baseada no campesinato. Rejeitou o marxismo e o materialismo pelo idealismo e o voluntarismo, rejeitou a democracia operária pela ditadura do partido, rejeitou o internacionalismo proletário pelo nacionalismo e o chauvinismo han, e rejeitou a insurreição dos trabalhadores por uma estratégia de "guerra popular" e conquista militar. Na época, o "novo tipo" de revolução stalinista de substitucionismo partidário de Mao revelou-se um sucesso impressionante, libertando a China da ocupação estrangeira, dos senhores da guerra, dos proprietários imobiliários, do capitalismo, e emancipando as mulheres do patriarcado confucionista. Isso é o que foi "libertador" na revolução chinesa. Mas a revolução de novo tipo, então, instalou uma classe dominante de novo tipo, stalinista burocrática-partidária-militar – uma ditadura totalitária de Estado policial, nacionalista, de chauvinismo han que explora os trabalhadores e camponeses da China por sete décadas, em busca do projeto vaidoso de seus dirigentes de restaurar a China ao seu lugar "legítimo" como a maior nação do mundo e superpotência líder.[40] Como uma classe dominante baseada no Estado, e uma nação comunista em um mundo dominado por nações capitalistas mais avançadas e poderosas, Mao e seus sucessores entenderam, como seus camaradas soviéticos, que deveriam "alcançar e ultrapassar os Estados Unidos" – construir

---

[40] Ver Mao Zedong, *Strengthen party unity and carry forward party traditions*, 1956. Liu Mingfu, *China Dream*, 2015. Hu Angang, *China in 2020: A New Type of Superpower*, 2015. Ver também Richard Smith, *Mao Zedong and the first party-army "substitutionist" revolution*, 1981.

uma superpotência de alta tecnologia relativamente autossuficiente para afastar os imperialistas capitalistas. O fracasso dos soviéticos de vencer a corrida econômica e armamentista contra os Estados Unidos condenou o Partido Comunista Soviético. Deng Xiaoping e seus sucessores, notadamente Xi Jinping, estão determinados a evitar esse erro. Hoje, o Partido Comunista Chinês está em uma missão suicida para maximizar o crescimento econômico para ultrapassar os EUA e dominar a economia mundial, mesmo que as emissões de $CO_2$ resultantes desse hipercrescimento resultem em colapso climático e no ecossuicídio.[41]

Hoje, dois sistemas sociais radicalmente diferentes estão unidos em uma única missão: maximizar o crescimento econômico até que nos atiremos do penhasco em direção ao colapso ecológico. Nossa principal esperança é apoiar as lutas democráticas em todos os lugares para derrubar esses sistemas antes que eles nos destruam, e substituí-los por sociedades ecossocialistas baseadas na propriedade pública e na governança democrática. Por mais que nos posicionemos contra Trump e sua base fascista, também devemos "estar com Hong Kong" e estar com o Turquestão Oriental (Xinjiang) contra o Partido Comunista Chinês[42] porque, se fracassarmos, encararemos a extinção.

---

[41] Richard Smith, *The Chinese Communist Party is an environmental catastrophe*, 2020.
[42] Richard Smith, *We're all Hong Kongers now*, 2019.

# 3.
# Luta de classes na China[1]

Irene Maestro Sarrion dos Santos Guimarães[2]

---

[1] Artigo fruto de reflexões desenvolvidas no âmbito da dissertação de Mestrado em Direito pelo Programa de Pós-Graduação Strictu Sensu de Direito Político e Econômico da Universidade Presbiteriana Mackenzie, de título *Contribuições a uma sistematização sobre a teoria da transição a partir da experiência chinesa*, 2014, disponível no Adelpha Repositório Digital do Mackenzie: https://dspace.mackenzie.br/handle/10899/23870.

[2] Doutora em Direitos Humanos pela Faculdade de Direito da Universidade de São Paulo (USP) com a tese *O sujeito revolucionário em História e consciência de classe: uma crítica marxista a partir da forma jurídica*, faz parte do grupo Direitos Humanos, Centralidade do Trabalho e Marxismo - DHCTEM/USP, Mestre em Direito Político e Econômico pela Universidade Presbiteriana Mackenzie/SP, com a dissertação *Contribuições a uma sistematização sobre a teoria da transição a partir da experiência chinesa*. Irene é militante do movimento social Luta Popular e integrante da secretaria executiva nacional da Central Sindical e Popular CSP Conlutas.

Há 72 anos, depois de um longo período de lutas por libertação e de uma forte experiência de mobilização e organização comunal camponesa, seguidas de um conflito armado interno com a burguesia nacional que se opunha à revolução, em 1949, o Partido Comunista tomava o poder na China e anunciava o nascimento de uma nova sociedade: a República Popular da China. Apoiado em uma "ditadura democrático popular", o novo governo tomou controle das fábricas, das empresas e da terra, enquanto os membros e apoiadores do Kuomitang fugiam para Taiwan.

O período que se iniciava fez o país passar por grandes mudanças. Mao Tsé-Tung queria transformar o país até então rural numa nação industrializada, mas, ao contrário do comunismo soviético, centrado no operariado industrial, a revolução maoísta baseou-se nos camponeses e objetivava, em especial, modificar a tradicional economia agrária. A partir das lições da luta empreendida desde 1911 pela derrubada da monarquia, do combate à submissão colonialista, dos levantes para libertação dos territórios, e a partir da potente inspiração provinda da Revolução de Outubro, criaram-se comunas populares, grupos de trabalho e fazendas coletivas que buscavam eliminar a propriedade privada, coletivizar a produção e construir uma forma de centralização da economia e do poder para que o povo pudesse ditar os rumos da nação.

Devido à influência da URSS, a compreensão segundo a qual o socialismo seria "uma sociedade organizada racionalmente pelo Estado (ele mesmo identificado com os trabalhadores, com o povo), isento de contradições sociais antagônicas, e preocupado essencialmente com o desenvolvimento quantitativo das forças produtivas"[3]

---

[3] Bernard Fabrègues, *Questions sur la théorie du socialisme*, Paris: Communisme, 1977-1978, n. 31-32 e 46.

espalhou-se por diversos países "socialistas", dentre eles a China. A primeira tentativa de construção de um plano econômico para a edificação do socialismo teve dentre suas consequências negativas:

> a tendência ao enfrentamento com a massa popular camponesa – e, de modo mais geral, da cidade com o campo –, menosprezo das necessidades materiais do povo trabalhador, favorecimento do desenvolvimento da capa de administradores, funcionários, profissionais e técnicos em situação de aberto privilégio, agigantamento do burocratismo, divórcio entre o povo trabalhador e o aparato do Estado, entronização do objetivo do desenvolvimento das forças produtivas *acima de qualquer outro...*[4].

Tais impactos levam membros do Partido Comunista Chinês a questionar o "seguidismo" à URSS e ao afastamento de Mao do cargo de presidente da nova República (substituído por Liu Shaoqi), para dedicar-se ao estudo teórico sobre os problemas da transição e da economia, consolidando sua posição frente ao modelo soviético. A crítica aos modelos de gestão de tipo capitalista, onde entende-se que "reina o imediatismo dos resultados econômicos rápidos", e por meio dos quais se reforça a separação entre o trabalho manual e intelectual e o individualismo, leva-o a defender que, para tornar possível um avanço socialista, é necessário "ater-se firmemente ao princípio da 'política no posto de comando'", passando a centrar os esforços no trabalho a ser desenvolvido junto aos trabalhadores e trabalhadoras no terreno político e ideológico, para que a sociedade tivesse condições de fazer frente à contratendência capitalista.

Suas elaborações – que trazem interessantes contribuições acerca dos desafios do socialismo – levam-no à compreensão de que: "A sociedade socialista se estende ao longo de um período histórico muito prolongado, no curso do qual seguem existindo as classes, as contradições entre as classes e a luta de classes, da mesma forma que subsistem a luta entre a via socialista e a via capitalista, assim

---
[4] Javier Ortiz, *Sobre la lucha de líneas en la República Popular China*, Madri: El Carabo, 1980, n. 15, p. 7.

como o perigo de restauração do capitalismo", e de que "É preciso compreender que esta luta será prolongada e complexa".

O fracasso dos planos econômicos levados a cabo até então, e que acarretam na Grande Fome, levam Shaoqi a desenvolver uma política "mais moderada", a partir de 1960, implementando reformas econômicas similares a do capitalismo "privado"[5], com "tendência à descoletivização agrária, ao endurecimento das relações nos centros de produção industrial, à absolutização do critério da rentabilidade econômica, à burocratização da vida administrativa e política". Os logros econômicos dessa forma de desenvolvimento lhe conferiram prestígio e também levaram-no, depois, a ser "designado como o *Krusjev chinês*"[6].

Contra isso, a partir de 1962, Mao pretende "relançar" o processo revolucionário contra o que identifica como revisionismo vigente. Isolado politicamente na cúpula do Partido, Mao – enquanto representante da autodenominada "ala revolucionária" – leva o combate contra a designada "ala direitista", dirigida fundamentalmente por Liu Shaoqi e Deng Xiaoping, a sair do âmbito da direção e a abrir-se à sociedade, tornando-se um movimento de massas, que interveio em vários âmbitos (cultura, política, produção, educação). Tem início, então, em 1966, a Revolução Cultural, enquanto tentativa de "revolução política", que visava atacar os dirigentes que adotavam o assim considerado caminho capitalista, para permitir o avanço e aprofundamento da revolução e reforço do Partido.

Tratou-se de uma disputa quanto ao prosseguimento da revolução, na medida em que, tendo sido tomado o poder e estatizados os meios de produção, surgiu uma divergência entre os caminhos a serem adotados. Contudo, os elementos e aspectos não revolucionários vivenciados então, tais como "a separação entre poder e massas, a manutenção de um poder exercido não pelo proletariado senão em nome do proletariado, o Partido dirigente

---

[5] Márcio Bilharinho Naves, *Mao – O processo da revolução*, São Paulo: Editora Brasiliense, 2005, p. 61.
[6] Javier Ortiz, op. cit., p. 107.

concebido como um sobrepoder estatal, as Forças Armadas revolucionárias organizadas como um aparato especializado e permanente que não é, a rigor, o povo em armas, a gestão econômica em boa medida dissociada das massas trabalhadoras..."[7] etc., não estavam delimitados e definidos com clareza pelos maoístas. Estes, embora incitassem as massas a "tomar o poder em suas mãos" e levar adiante a revolução, tampouco aceitaram "transpor o limite fundamental de avançar na experiência dos novos organismos de poder local para alcançar a extinção do Partido"[8] e do Estado.

Mas a experiência ímpar da Revolução Cultural também permitiu a construção de experiências pouco conhecidas, e sobre as quais há pouca documentação disponível, sobretudo em português, de exercício de poder mais direto por parte dos trabalhadores, como a Comuna de Xangai, que se tornou um efetivo organismo de duplo poder. Destaque-se, também, embora com "caráter parcial e extensão limitada"[9], as experiências "de ponta, particularmente avançadas"[10] adotadas em algumas fábricas e nas "universidades de fábricas". Elas objetivavam superar a divisão capitalista do trabalho, com suas diferenciações e hierarquias, por meio do combate à distinção técnica que leva à subordinação dos produtores diretos ao capital, e visando revolucionar os mecanismos do processo de trabalho dirigido para fins de incremento do valor que permitem a apropriação capitalista, com vistas ao exercício de uma ditadura do proletariado na gestão e direção da produção.

Após longas disputas no Partido sobre as "vias" para se alcançar o comunismo – que se materializaram em diversas experiências, campanhas, expurgos, aprendizados, fracassos e retificações – Mao morre em 1976, deixando um cenário de destruição, fome, fragmentação social e colapso econômico. Deng Xiaoping

---

[7] Eugenio del Rio, *La teoria de la transición al comunismo en Mao Tsetung (1949-1969)*, Madri: Editorial Revolución, 1981, p. 70.

[8] Irene Maestro Sarrion dos Santos Guimarães, *Contribuições a uma sistematização sobre a teoria da transição a partir da experiência chinesa*, São Paulo: Universidade Presbiteriana Mackenzie, 2015, p. 77.

[9] Marcio Naves, op. cit., p. 97-98.

[10] Benjamin Coriat, "Fabricas y universidades en China despues de la Revolución Cultural", *Ciência, Técnica y Capital*, Madri: H. Blume Ediciones, 1976, p. 156.

assume a direção e, sob sua administração, promove-se uma nova reforma econômica, com o objetivo de "abrir" a economia chinesa, "descentralizar o poder" e flexibilizar a perspectiva de acabar com a propriedade privada. Tenha-se em vista que, naquele momento, do final dos anos 70, o Ocidente vivia um período liberalizante, marcado pelo Consenso de Washington, que também teve ecos na China. A visão pragmática de Deng, assentada na ideia de que "se economia funciona, o modelo é bom", pauta a alteração da política econômica após a morte de Mao. Ele comandava "com mão de ferro", até então, desenvolvendo um processo conhecido como "reforma e abertura", que operou mudanças profundas na estrutura econômica chinesa a partir dos anos 1978, tendo por "missão" transformar a economia fundamentalmente agrária para potencialmente industrial, centralizando-a ao mesmo tempo em que a abria para a iniciativa privada "clássica".

Assim, apesar das limitações, a experiência chinesa representa uma tentativa de superação das concepções da URSS, que obteve avanços significativos na medida em que incorporou elementos fundamentais para uma análise sobre o problema da transição, tais quais: a defesa da insuficiência da transição da propriedade privada para o Estado, a permanência da luta de classes no socialismo, a possibilidade de surgimento de uma nova burguesia, a necessidade de restrição do direito burguês, o papel determinante das massas para a construção do comunismo, e a crítica à forma de organização do trabalho. Tratou-se, tanto do ponto de vista teórico quanto prático, de "verdadeiro esforço de aproximação crítica".[11]

## A economia política chinesa

As diferentes caracterizações sobre a natureza da experiência chinesa, e das razões de seus fracassos ou "sucessos", mostram que o exercício de a compreender segue decisivo para que possamos superar as debilidades do passado e construir,

---
[11] Benjamin Coriat, op. cit., p. 46.

na atualidade, processos revolucionários vitoriosos. É preciso desenvolvermos a capacidade de pensar a transição socialista, sem reproduzir ideologias e práticas que correspondam à ideologia burguesa, e esperamos que este livro traga elementos que contribuam para essa perspectiva.

O marxismo investiga o *modo de produção* capitalista, pois é na própria materialidade do *modo* como os indivíduos produzem seus meios de subsistência que se funda a sua forma histórica de exploração. O "segredo" da sociabilidade do capital reside na forma adquirida pelas *relações sociais de produção*. Estas são baseadas no antagonismo entre duas classes sociais: o proletariado, expropriado e separado dos meios de produção e reprodução da vida, de quem é explorada a força de trabalho para produzir produtos como mercadoria e extrair mais-valia; e a burguesia, que dispõe das condições materiais da produção, ou seja, da capacidade de controlar os meios de produção e de apropriação dos produtos obtidos graças a esse controle.

A produção e reprodução dessa determinada *relação social*, que permite o prosseguimento do processo de valorização, é o que confere especificidade ao capitalismo, definindo o caráter histórico dessa sociedade. Apesar das diferenças entre as "alas" que disputavam os rumos da revolução chinesa, o quadro teórico de referência de ambas não logrou alcançar o desafio primordial do socialismo, qual seja, a possibilidade de romper com o processo de "auto-reprodução" do capital[12], levando à consequente destruição das formas sociais por ele engendradas.

Revolucionar as relações sociais de produção e desmantelar a estrutura organizativa da produção capitalista são condições necessárias à "socialização" dos meios de produção. Contudo, predominou a perspectiva que identifica a propriedade estatal ao socialismo, levando à compreensão de que, no limite, as relações de produção só não eram "completamente" socialistas, ou seja, as condições de produção não estavam sob disposição efetiva dos

---

[12] Maria Turchetto, op. cit., p. 11.

produtores diretos, porque padeciam de certas "imperfeições" com causas superestruturais. Assim, configura-se uma compreensão caracterizada por Maria Turchetto como uma tendência a:

> Falar da permanência da luta de classes no socialismo, somente no sentido de que o novo modo de produção instaurado com a tomada do poder por parte da classe operária se confronta com as sobrevivências do modo de produção capitalista. Segundo essa abordagem, portanto, no socialismo já existe um novo modo de produzir, mesmo que ainda não irreversivelmente afirmado; e, a rigor, aqui também se faz uma interpretação reducionista da relação de produção capitalista. As "sobrevivências" do modo de produção capitalista vêm, de fato, identificadas, do ponto de vista econômico, com a permanência de formas de "produção mercantil privada" (embora não seja este, efetivamente [...] o aspecto essencial da produção do capital), quando não vêm mesmo identificadas com as "sobrevivências ideológicas" da velha sociedade[13].

Podemos afirmar que essa debilidade teórica e política do passado segue vigente hoje, na medida em que os governantes chineses continuam tendo uma compreensão das relações sociais de produção reduzidas a meras relações de troca ou a relações jurídicas de propriedade. O desenvolvimento das forças produtivas sob direção do Estado proletário permitiria alcançar uma "socialização" da riqueza que impactaria as relações capitalistas. Nesse sentido, o desenvolvimento "da sociedade" – entendida "como um tipo de realidade em si, fora das classes que a constituem"[14] – dependeria predominantemente de transformações *quantitativas* no desenvolvimento das forças produtivas entendidas como "neutras", a-históricas e "externas" às relações sociais de produção.

Nessa toada há também momentos em que os textos maoístas defendem a necessidade de produzir mais para que seja possível ter riquezas suficientes para serem "melhor divididas" entre a população e assim alcançar o reino do "a cada um segundo sua necessidade". Entendem, assim, que o socialismo se encontra num

---

[13] Maria Turchetto, "As características específicas da transição ao comunismo", ver em Marcio Naves (org.), *Análise marxista e sociedade de transição*, Campinas: IFCH/UNICAMP, 2005, p. 30.

[14] Charles Bettelheim e Robert Linhart, *Sur le Marxisme et le Leninisme. Débat avec Charles Bettelheim et Robert Linhart*, Paris: Communisme, n. 27-28, 1977, p. 7-34,

rearranjo da distribuição. É claro que sob o Estado proletário transformações na forma de distribuição são uma condição necessária, porém, limitar-se a este aspecto é deixar de questionar, de forma efetiva, o modo como se produzem os produtos do trabalho que se cristalizam na forma de mercadorias, sob a lógica inerente à produção capitalista guiada pela lei do valor.

O que resta, portanto, obscurecido é a própria lógica de subsunção do trabalho ao capital. O capitalismo não apenas afasta os trabalhadores e trabalhadoras dos produtos frutos do emprego de sua força de trabalho no processo determinado de produção dos quais não se apropriam, mas principalmente os expropria dos meios *objetivos* e *subjetivos* de controle sobre o processo produtivo.

Marx já esclarecia em *A Crítica ao Programa de Gotha* que é equivocado tomar como essencial a distribuição como se fosse algo independente da produção, e que não há que se falar em "repartição equitativa" pois que "a distribuição dos meios de consumo é, em cada momento, um corolário da distribuição das próprias condições de produção". Esta é a própria "característica do modo mesmo de produção". Assim, é equivocado "tomar o socialismo como uma doutrina que gira em torno da distribuição". Trata-se de modificar o próprio modo de produção, atingindo-o em sua estrutura, que não reside apenas na sua forma de distribuição, mas na própria forma de produzir, que, para se realizar, constitui e reproduz cisões entre os produtores diretos e os meios de produção, entre trabalho manual e intelectual, entre trabalho de direção e execução etc.

Explica Maria Turchetto, assim, que é preciso apreender o movimento "profundo" do capital para além de seus resultados empíricos verificáveis nas relações de circulação, pois não se trata apenas de uma "mistificação", mas do modo específico em que o movimento "real" do capital se verifica no processo de produção imediato: através do movimento "aparente" da circulação capitalista. A ausência dessa clareza quanto ao modo como se dá a "apropriação" capitalista em sua base e práticas materiais trouxe entraves ao avanço do processo revolucionário.

Com isso, o problema da ideologia ocupa para os maoístas um lugar de primazia. Segundo La Grassa e Turchetto,

> Quanto à sobrevivência da ideologia e da cultura burguesas, ninguém se sentiria correto em subestimar a sua importância, no entanto é necessário lembrar como esses fatores podem agir de forma complementar, nunca como elementos decisivos de uma involução para o capitalismo. Seria, sem dúvida, "materialismo" *vulgar* argumentar que a "superestrutura" ideológica "cai" logo que transformada a "base econômica"; entretanto, parece-me bastante claro que uma transformação radical e efetiva das relações de produção remove a base objetiva da regeneração (e, de fato, o novo florescimento), da ideologia e da cultura da velha formação social[15].

Assim, em contraposição às "ideias burguesas", a revolução chinesa confere um peso muito grande "à direção revolucionária", que seria depositária da ideologia revolucionária "correta", que, tendo sido "vitoriosa" no campo da superestrutura política, com a tomada de poder, teria a capacidade de conduzir processos unívocos para a revolução. Nesse sentido, as ideias teriam o condão de conseguir levar a cabo as transformações que deveriam se dar, a princípio, na base material das relações sociais. Sem mencionar o fato de a "ideologia revolucionária da direção" também padecer de contradições, sendo tomada como o lugar da "verdade", como um marxismo "acabado, que não o é, nem poderia ser, porque inserido no processo histórico real".

Esse entendimento leva os chineses a considerar as empresas que se alinham ao partido como "socialistas". Ou seja, a produção dirigida pela "ideologia proletária" "inerente" à direção do PCCh – mantida a mesma forma de articulação técnico-organizativa das forças produtivas – asseguraria o desenvolvimento das transformações "socialistas" na transição.

Além disso, essa tese afirma que a direção das unidades produtivas é garantida pela emanação do poder do Estado, que *só* poderia ser proletário. Tissier explica que se trata de uma

---
[15] Gianfranco La Grassa e Maria Turchetto, *Dal Capitalismo Alla Societa´ Di Transizione*, Itália: Franco Angeli Editore, 1978, p. 117 – tradução nossa.

adaptação da identificação stalinista entre estado-sociedade, ao nível das unidades de produção, ou seja, a natureza da propriedade socialista dos meios de produção é garantida pelo grupo dirigente que adota uma concepção marxista-leninista, impedindo que os meios de produção sejam propriedade daqueles que adotaram a via capitalista. "Cada parte da sociedade" estaria definida pela "natureza do Estado, ela mesma estando determinada pelo caráter 'proletário' do grupo dirigente". Trata-se de uma "mistificação, pois o grupo dirigente é o único a definir o caráter 'proletário' dos dirigentes supremos"[16].

Tais concepções até aqui criticadas norteiam a perspectiva hegemônica de grandes setores da esquerda em suas análises sobre a China hoje. Nacionalização das terras, controle dos setores estratégicos da economia, estatização dos bancos não configuram uma revolução do modo determinado de produção capitalista.

Estima-se que mais de 50% da economia chinesa encontra-se nas mãos do Estado. Mas a diferença entre "público-estatal" e "privado" é uma diferenciação jurídica que não altera o fato de que o Estado "operário" possuir esses meios de produção não significa terem sido reapropriados pelo povo. Trata-se apenas de uma forma de titularidade jurídica, que não se confunde com o fato de que a propriedade privada seja uma relação social de produção capitalista.

"Na ausência deste conhecimento, um partido dirigente, no fim de contas, apenas pode gerir o *status quo*, tentando 'modernizar a economia'"[17]. Foi isso que ocorreu e que segue se aprofundando. Com Deng Xiaoping opera-se um processo massivo e radical de privatizações, que objetivou inserir as empresas chinesas, públicas e privadas, na concorrência internacional, aumentando assim sua eficiência, assimilação de padrões tecnológicos avançados e lucratividade (portanto, aumento da expropriação-exploração sobre os trabalhadores).

---

[16] Patrick Tissier, *Chine: l'impossible rupture avec le stalinisme*, op. cit., p. 1772.
[17] Ibid., p. 69.

## A China depois de Mao

O Partido Comunista Chinês entende o período Deng como uma nova etapa do movimento histórico da revolução. Mas a atuação do Partido hoje é determinante para impedir a apropriação pelos trabalhadores e trabalhadoras dos meios de produção, objetivo inicial da revolução, na medida em que ele comanda exatamente o processo de acumulação, em centros estratégicos da economia: mercado financeiro, indústria petroquímica, indústria de base, telecomunicações, setor aeroespacial e militar, biotecnologia etc.

A afirmação de que o capital privado clássico não possui, na China, as mesmas liberdades que em outros países e deve se sujeitar a uma série de regulamentações, tampouco altera o fato de que a forma Estado é eminentemente capitalista. Nem há que se falar em "divisão dos lucros" com os trabalhadores e trabalhadoras e Estado porque é evidente que a gestão da produção encontra-se apartada do controle por parte dos produtores direto. Tais questões, muitas vezes apontadas como elementos "socializantes" da economia chinesa, referem-se ao âmbito do direito, da circulação, e não da produção que caracteriza o "coração" do modo de produção capitalista.

As grandes empresas estatais seguem a lógica de disciplina do trabalho e antagonismo próprios do capitalismo, com vistas à extração de mais valia. E é o conceito de capital que deve nortear nossa leitura sobre a natureza de uma sociedade. Os capitalistas do mundo não estão "assustados" ou preocupados com a força da China porque ela representa uma ameaça à manutenção da ordem da sociabilidade do capital, mas um grande e importante concorrente pela acumulação.

Além disso, a forte centralização e práticas de direção contradizem o desenvolvimento de uma verdadeira democracia de massas, mantendo um sistema político burguês. Uma revolução implica em levar a democracia até as últimas consequências, ou seja, em substituir a democracia enquanto forma burguesa, pelo autogoverno dos trabalhadores e trabalhadoras, possibilidade progressivamente afastada do início da revolução até os dias de hoje.

O Partido Comunista dirige e controla o poder e a economia, com oposições em escala nacional ainda pouco significativas e uma forte repressão, marcada por detenções arbitrárias de lutadoras e lutadores e pela brutal disciplina e exploração imposta a trabalhadores e trabalhadoras nos espaços de produção. Hoje a China representa a maior ameaça à hegemonia geopolítica dos EUA, assim como é seu principal concorrente econômico, porém ambos os países possuem laços íntimos enquanto agentes do capitalismo global e do sistema mundial imperialista. A China possui 5,5 trilhões de reais da dívida pública dos Estados Unidos, enquanto exporta, por ano, 2.2 trilhões de reais em produtos para os EUA. Já os Estados Unidos venderam 500 bilhões de reais em serviços e mercadorias para a China ano passado.

A luta de classes, que na China tem um palco histórico muito significativo, segue vigente contra quem comanda o processo de extração de mais valia e as dinâmicas de opressão que lhe servem. O presente livro, na sua parte II, traz artigos escritos diretamente dos territórios de combate, das greves operárias, das mobilizações feministas, das ocupações no campo, das resistências étnicas, dos levantes em Hong Kong, presenteando-nos com reflexões que nos permitem "olhar" a China a partir da centralidade teórica da *luta de classes* como "elemento motor" da história.

II

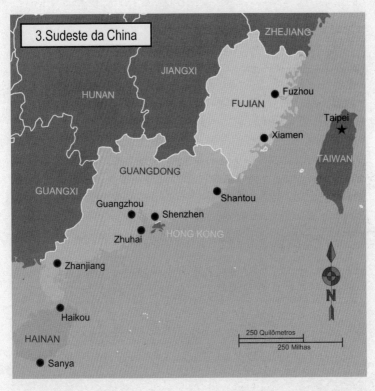

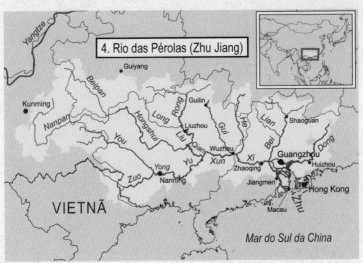

# 1.
# Depois do milagre[1]

*O "novo normal" no mundo do trabalho*
Ching Kwan Lee[2]

---

[1] "After the Miracle: labor politics under China's new normal", *Catalyst Journal*, segundo semestre de 2017, v. 1, n. 3.

[2] É professora de Sociologia da Universidade da Califórnia, em Los Angeles. Sua pesquisa abrange temas globais como trabalho, sociologia política, desenvolvimento no Sul global, etnografia comparada, Hong Kong, Taiwan, China e África. Seu livro mais recente, *The specter of global China: politics, labor and foreign investment in Africa*, 2017, University of Chicago Press, compara, na Zâmbia, os passos de investidores públicos chineses aos de outros investidores privados internacionais, em sua relação com esse estado africano e a força de trabalho.

Como consequência da crise financeira global de 2008, a reestruturação econômica levou a um processo caótico de realinhamento político na maioria das grandes economias. Para as classes trabalhadoras nos Estados Unidos e na Europa, a revolta contra o *status quo* assumiu as formas concorrentes de um nacionalismo econômico de direita e um novo populismo de esquerda: Trump, Farage e Le Pen, de um lado, e Sanders, Corbyn e Mélenchon, de outro. Mas e a China, o novo "chão de fábrica do mundo"? No cenário do desenvolvimento combinado e desigual do capitalismo global, como os trabalhadores chineses estão reagindo à reestruturação econômica e à dramática recentralização do poder político em torno do presidente Xi?

O discurso dominante acadêmico, ativista e da mídia sugere um quadro otimista. Grandes greves em empresas estrangeiras que dominaram as manchetes de jornal – Honda em 2010, Ohms Electronics em 2012, IBM e Yue Yuen em 2014 e Walmart em 2016 – foram interpretadas como "pontos de virada" no surgimento de um movimento operário mais potente e radicalizado. A meu ver, essa narrativa de empoderamento do trabalhador é, em larga medida, uma ilusão. A reação à crise de 2008 decerto produziu mudanças profundas na gestão da economia chinesa, mas o "novo normal" nas relações industriais anuncia um enfraquecimento, não um fortalecimento, da capacidade dos trabalhadores de realizar ações coletivas de larga escala.

Do lado de fora, é claro, no início parecia que o enorme plano de estímulo econômico de 2008-2009 (586 bilhões de dólares em gastos anticíclicos) havia permitido à China enfrentar a crise global com danos mínimos à economia ou à autoridade da liderança. Na verdade, a redução drástica da demanda externa após 2008, ao lado da sobrecapacidade crônica em setores-chave e uma enorme dívida do governo local, marcou o fim da era de alto crescimento de trinta anos e precipitou mudanças fundamentais nas estratégias de desenvolvimento e governança. Temendo que a crescente indignação da população com a desigualdade de renda, o subemprego e a corrupção oficial pudessem desencadear uma "primavera chinesa", com possíveis ameaças ao unipartidarismo, a direção adotou um abrangente modelo de crescimento e gestão de conflitos. Aceitando que a economia havia reduzido a marcha, Xi desafiou o princípio de liderança coletiva instituído por Deng Xiaoping, e concentrou o poder em torno de si, iniciando uma série de campanhas para "limpar a corrupção", mas também para reprimir todas as formas de dissidência. Simultaneamente, a política econômica priorizou o consumo doméstico, o incentivo ao empreendedorismo em massa e trabalho autônomo e a exportação da produção excedente para o Sul Global (esta é a lógica mais recente por trás da Nova Rota da Seda).

Essas são as condições materiais que os trabalhadores chineses enfrentam hoje. A discussão a seguir começa com um esboço histórico do "velho normal" da China e o padrão de movimentação de trabalhadores que ele gerou. É seguido de uma avaliação crítica da tese de um movimento de trabalhadores recentemente empoderado, examinando não apenas as grandes greves envolvendo marcas globais, mas também uma onda de lutas locais coordenadas pelo trabalho clandestino de ONGs. Este último movimento liderou uma série de inovações importantes, incluindo solidariedade ativa entre fábricas e o recrutamento de aliados entre estudantes e profissionais. No entanto, em nenhum desses dois casos os trabalhadores tiveram muito sucesso na construção de uma organização sustentada, diante das respostas de cooptação e resistência do regime. Longe de gerar uma lógica antissistêmica, as lutas trabalhistas continuam sendo instrumentalizadas para sondar a opinião do chão de fábrica e implementar novas políticas e reajustes salariais. Na seção final, apresento algumas conjecturas sobre o futuro do trabalho no terreno desse novo normal.

## Antigo normal: crescimento voltado à exportação e autoritarismo negociado

O *boom* de três décadas na China foi sincronizado com a transformação neoliberal da economia global. Ao fim da Revolução Cultural de Mao (1966-76), a liderança chinesa estava desesperada para reanimar a economia e fortalecer sua legitimidade em vias de se despedaçar. Escolheram a liberalização do mercado porque, à época, "liberar o mercado" era a estratégia de reforma econômica predominante, tanto entre os países irmãos socialistas, como Hungria e Iugoslávia, quanto os principais rivais capitalistas, como os Estados Unidos e o Reino Unido.[3] Adotando uma abordagem gradualista em vez de uma de *big bang*, a liderança, no princípio, experimentou criar Zonas Econômicas Especiais costeiras, o primeiro passo na integração da China à economia mundial capitalista como produtora retardatária para exportação. Ao fazer isso, a China aderiu à "formação de voo em V" – o sistema do Leste Asiático de subcontratação industrial com níveis variados de lucratividade e sofisticação, que na sua origem havia sido organizado pelo Japão como líder da formação. Sendo que o sucesso econômico japonês foi facilitado pela ajuda americana e acessibilidade ao mercado, parte da estratégia de Washington para conter o comunismo na Ásia[4].

A atratividade da China enquanto plataforma de manufatura para o capital global deveu-se a uma combinação de mão de obra barata e legados da modernização socialista do Estado. Isso inclui uma força de trabalho relativamente saudável e instruída, uma infraestrutura desenvolvida e uma base industrial pré-existente. A partir do final da década de 1980, quando os EUA incorreram em grandes déficits em sua balança comercial, formou-se de maneira rápida uma relação codependente com a

---
[3] Maurice Meisner, *Mao's China and After: A History of the People's Republic*, 1999, p. 451.
[4] Ho-Fung Hung, *The China Boom: Why China Will Not Rule the World*, 2015, cap. 3.

China: o país exporta o que os EUA consomem e investe suas receitas de exportação em títulos do tesouro dos EUA, fornecendo crédito barato para sustentar os crescentes níveis de dívida pública e privada e consumo americanos. Essa conexão entre a economia chinesa, impulsionada pela exportação, e o consumo dos EUA, fomentado por endividamento, proporcionou uma importante medida paliativa para a crise global de excesso de sobrecapacidade e queda da taxa de lucro. Mas, para a China, esse aparente equilíbrio bilateral também plantou as sementes de um perigoso desequilíbrio estrutural, que se revelaria na esteira da crise de 2008. Em comparação com outros países recentemente industrializados (PRIs) do Leste Asiático, a dependência excepcionalmente alta que a China tem das exportações (35% do PIB em 2008, em comparação com menos de 20% entre os PRIs do Leste Asiático no ponto mais alto de seu *boom* de exportação), e seu nível ultra baixo de consumo privado (abaixo de 40% do PIB enquanto que outros PRIs nunca ficaram abaixo de 50%) tornaram-na excepcionalmente vulnerável à turbulência econômica global.[5]

Que tipo de aparato político de produção foi implantado para garantir o suprimento massivo e estável de mão de obra barata e dócil exigida pelos clientes da China? O sistema *hukuo* de registro domiciliar e a cidadania desigual, criados para manter os camponeses em seu lugar e produzir excedentes agrícolas para a indústria e o consumo urbano, foi afrouxado sem igualdade de direitos. Como resultado, centenas de milhões de trabalhadores rurais mudaram-se dos campos para as fábricas, onde encontraram um regime de trabalho repressivo, sustentado pelo crescente conluio entre o Estado local e o capital doméstico e internacional. A monopolização da representação dos trabalhadores pelo unipartidarismo, por meio da Federação de Sindicatos da China (FSC), restringiu ainda mais o poder de barganha do trabalho com o capital.

---
[5] Ho-Fung Hung, op. cit., p. 77-78.

Sob essas condições regulamentadas de forma rígida, a resistência trabalhista chinesa desenvolveu certas características duradouras: é celular (em uma só fábrica), localizada (em uma só localidade) e legalista (enquadrando as demandas em termos legais e abstendo-se de modos de ação transgressivos).[6] Apesar do autoritarismo do partido único, essa agitação social circunscrita sempre existiu e forneceu aos principais líderes informações cruciais e influência para disciplinar seus agentes locais. Em resposta à crescente agitação a respeito dos salários, atrasos salariais, seguridade social, demissões arbitrárias e trabalhadores subcontratados, o governo central promulgou uma série de leis trabalhistas nacionais para atender às queixas dos trabalhadores e burocratizar conflitos de classe. Construir uma "sociedade harmoniosa" tornou-se um slogan nacional, e a manutenção da estabilidade passou a contar pontos no caderno de desempenho dos quadros. Tais estratégias do regime enfatizavam concessões, abordagem de massa e uso judicioso da força. Em outras palavras, a resposta do Estado costumava ser modulada para acomodar a negociação, absorção burocrática, patronagem e clientelismo. O punho de ferro era reservado para a dissidência organizada politicamente motivada ou para o separatismo étnico.[7]

Em suma, o crescimento econômico de dois dígitos, impulsionado pelas exportações, tem apoiado uma barganha implícita entre o partido e a classe trabalhadora, acarretando uma troca de melhoria material e prosperidade econômica por submissão política e conformidade. Ao longo da era da reforma, estudiosos do trabalho documentaram aumentos quantitativos nas greves, manifestações e processos trabalhistas, mas o índice crescente de protestos não se traduziu em uma militância sustentada e poder para os trabalhadores, enquanto a resistência permaneceu localizada, fragmentada e em geral "administrável" pelo partido.

---

[6] Ching Kwan Lee, *Against the Law: Labor Protest in China's Rustbelt and Sunbelt*, 2007.

[7] Ching Kwan Lee e Yong Hong Zhang, *The Power of Instability: Unraveling the Microfoundations of Bargained Authoritarianism in China*, 2013, p. 1475-1508.

## A crise de 2008 e o ativismo laboral

Quando as bolhas imobiliária e de ações dos EUA estouraram em 2007-2008, o velho padrão chinês de prosperidade atrelada a exportações foi bastante abalado. Quando a crise de crédito global e a contração na demanda dos EUA e da Europa por produtos chineses bateram à porta, a vítima imediata e mais visível foi o setor de exportação, em especial os inúmeros pequenos subcontratados que compõem os níveis mais baixos das cadeias de abastecimento globais. Vinte milhões de empregos foram eliminados em poucos meses, e milhões de trabalhadores migrantes foram convenientemente mandados de volta para casa, obrigados a recorrerem à economia rural para sua subsistência. Pequim lançou um enorme pacote de estímulo, totalizando 586 bilhões de dólares, e estabilizou a economia injetando créditos para infraestrutura urbana e projetos imobiliários de governos locais, com uma fração destinada a reforçar a renda no campo. Com seus principais mercados de exportação atrofiando-se, o governo chinês mudou a marcha para promover o consumo doméstico, acelerando a urbanização estatal e estipulando aumentos anuais de dois dígitos no salário mínimo. Os serviços ultrapassaram a manufatura como o setor líder de empregos em 2010, e o governo começou a falar sobre o potencial de crescimento dos negócios digitais (chamados "internet +" na China). Em 2012, a economia parecia ter absorvido o choque da crise, embora até mesmo a direção reconheça a preocupação com a estabilidade do sistema financeiro doméstico diante do inchaço da dívida dos governos locais, somado à especulação imobiliária disparada e o investimento infraestrutural improdutivo.[8] Os planejadores do Estado agora projetam uma taxa de crescimento anual menor, de um dígito, de 6 a 7%, em dois planos quinquenais consecutivos.

A implantação das políticas pós-2008 coincidiu com várias greves de destaque em fábricas de fornecedores que produziam

---

[8] Victor Shih, *Local Government Debt: Big Rock Candy Mountain*, 2010, p. 26-32.

para marcas internacionais, parecendo anunciar uma nova era para o movimento de trabalhadores. Jornalistas e estudiosos do trabalho defenderam essa imagem de uma classe trabalhadora chinesa empoderada, apresentando quatro argumentos básicos:

- O aumento das greves segue uma escassez de mão de obra induzida estruturalmente pela política do filho único da China.

- Essa escassez de mão de obra aumentou o poder de barganha dos trabalhadores migrantes de segunda geração, que têm mais consciência de classe e de seus direitos e mais experiência com tecnologia do que a primeira geração. As pautas dos trabalhadores, antes apenas econômicas, tornaram-se políticas (por exemplo, a demanda pela eleição direta da liderança sindical), enquanto a estratégia de protesto mudou de apelos legalistas para ação direta.

- Os trabalhadores, como resultado, têm sido mais bem-sucedidos na obtenção de resultados favoráveis das greves, na forma de aumentos salariais e recuperação das contribuições previdenciárias dos empregadores e outros benefícios.[9]

Infelizmente, essas teses, que negligenciam a verdadeira direção da mudança associada à transição pós-2008, não resistem ao escrutínio empírico. Vamos avaliá-las uma a uma.

Em primeiro lugar, o aumento quantitativo de litígios trabalhistas – casos de arbitragem, ações trabalhistas, requerimentos e greves – não é um fenômeno novo, nem que necessariamente implique um aumento do poder dos trabalhadores. A agitação dos trabalhadores na China mantém seu caráter circunscrito, com pouca coordenação lateral entre empresas, localidades ou classes sociais. Além disso, o Estado desenvolveu uma infinidade de táticas

---

[9] Por exemplo, Lu Zhang, *Inside China's Automobile Factories: the Politics of Labor and Worker Resistance*, 2015; Parry Leung e Alvin So, "The Making and Remaking of the Working Class in South China", *Peasants and Workers in the Transformation of Urban China*, 2012. Feng Chen e Mengxiao Tang, *Labor Conflicts in China: Typologies and their Implications*, 2013, p. 559-583.

de neutralização para tornar os conflitos trabalhistas rotineiros e administráveis.

Em segundo lugar, a transição demográfica não fortaleceu de modo automático o poder de barganha dos trabalhadores. A oferta de mão de obra da China de fato caiu 3,45 milhões em 2012, marcando a primeira redução absoluta da força de trabalho desde os anos 1970. No entanto, o impacto potencialmente positivo de um mercado de trabalho mais restrito foi minado por tendências compensatórias. Uma contratendência é o encurtamento da estabilidade no emprego, sobretudo entre os trabalhadores mais jovens, migrantes de segunda geração, tornando o mercado de trabalho mais instável e inseguro. Segundo uma pesquisa de amostragem nacional de 2011 da Universidade Tsinghua, com mais de 2.000 trabalhadores, os migrantes nascidos na década de 1980 mantinham-se no emprego por uma média de 2,68 anos. Para os nascidos nos anos 1990, porém, a permanência no emprego era de apenas 0,93 ano. A estabilidade no emprego de ambos os grupos é fraca em comparação à dos nascidos antes de 1980, cuja permanência no emprego (4,2 anos) é mais que o dobro da nova geração. A pesquisa de Tsinghua também revelou que 37,9% estavam "esperando por um emprego" – um eufemismo para desemprego. De modo geral, a pesquisa encontrou um novo mercado de trabalho migrante extremamente fluido e instável, inibindo a formação de uma coletividade e a solidariedade entre trabalhadores.[10]

Além disso, o capital descobriu e explorou uma nova fonte de mão de obra vulnerável: os estudantes estagiários. Nas fábricas da Foxconn e da Honda, pode-se encontrar estagiários em muitas oficinas, representando de 15% a 50% da força de trabalho, com duração no emprego variando de dois meses a dois anos. São estudantes matriculados formalmente em programas profissionalizantes, que exigem o estágio como parte obrigatória de sua formação. Sem contratos de trabalho ou seguro social, realizando tarefas não relacionadas aos seus estudos, não são reconhecidos pela

---

[10] Tsinghua Sociology Research Team, *Shortening of Job Tenure: Survey on Employment Trends among Migrant Workers*, 2013, p. 1-45.

legislação trabalhista, embora trabalhem e vivam como os demais trabalhadores de tempo integral. Sua condição como mão de obra temporária é o resultado direto da associação entre o governo local e poderosas corporações multinacionais. As escolas técnicas foram privatizadas desde o final dos anos 1990 e, por meio de programas de estágio, receberam em troca equipamentos, instrutores e financiamento. Os governos locais competem para convencer grandes investidores como a Foxconn a estabelecerem-se nas suas localidades, prometendo uma provisão constante de estagiários.[11]

Terceiro, é questionável se os trabalhadores migrantes de segunda geração de fato têm mais direitos e consciência de classe que os da primeira. Duas pesquisas recentes com foco em diferenças geracionais relatam pouca diferença no nível de conhecimento jurídico dos trabalhadores.[12] O que se destaca entre os trabalhadores de segunda geração, de acordo com essas pesquisas, são seus padrões de consumo. Eles ganham menos do que os trabalhadores mais velhos, mas querem consumir mais e o fazem. Enquanto os trabalhadores mais velhos gastam, sobretudo, com as necessidades diárias e obrigações sociais (presentes de casamento e aniversário), os mais jovens despendem com moda, entretenimento, comunicação, restaurantes e eventos sociais. Mas o uso onipresente de *smartphones* e mídias sociais não tem, automaticamente, o efeito de produzir uma mobilização mais frequente ou mais eficaz. O nexo causal é, não raro, mais presumido do que demonstrado.

O que nos leva à ideia de um amadurecimento ou radicalização da mobilização dos trabalhadores. Relatos orais de líderes dos trabalhadores e estudos etnográficos de greves recentes lançam dúvidas sobre a afirmação de que as demandas dos trabalhadores migrantes sofreram uma transformação qualitativa. Em primeiro lugar, a demanda por eleições democráticas nos sindicatos de

---

[11] Yihui Su, *Student Workers in the Foxconn Empire: the Commodification of Education and Labor in China*, 2010-11; Jenny Chan, Pun Ngai e Mark Selden, *Interns or Workers: China's Student Labor Regime*, 2015.

[12] Tsinghua Sociology Research Team, 2013; Ivan Franceschini, Kaxton Siu & Anita Chan, *The "Rights Awakening" of Chinese Migrant Workers: Beyond the Generational Perspective*, 2016, p. 422-442.

uma só empresa não começou com as greves de 2010 da Honda, mas em 2000, na Uniden, uma fábrica de eletrônicos japonesa em Shenzhen.[13] Além disso, a relevância das demandas por controle de base foi, sem dúvida, exagerada. A etnografia do sociólogo Wang Jinhua sobre as greves da Honda encontrou, entre mais de 100 demandas e reclamações iniciais elaboradas pelos trabalhadores, apenas uma referente ao sindicato (a saber, o item 67: "o sindicato não promove o bem-estar dos trabalhadores")[14]. Com a ajuda do sindicato provincial, os trabalhadores da Honda conseguiram eleger uma nova liderança sindical e garantiram um aumento salarial de 800 renminbis. A mídia abandonou a história neste ponto. Wang, cujo trabalho de campo rastreou o desenvolvimento do sindicato no ano seguinte a tais concessões, descobriu que a empresa conseguiu desmantelar a rede de mensagens instantâneas QQ, que havia permitido mobilizações que envolviam toda a fábrica, e implantar seu próprio quadro de gestores como líderes sindicais. Em 2012, a base contornou o sindicato cooptado para realizar uma greve selvagem que conquistou um aumento nos bônus. A empresa, sem ser questionada pelo sindicato, retaliou transferindo os líderes para os piores empregos da fábrica. Ativistas de outras fábricas da Honda propensos a fazer greves foram igualmente rebaixados para trabalhos servis ou forçados a se demitir. Na medida em que os "sindicatos eleitos" voltaram ao seu antigo papel de ferramentas da gerência, os trabalhadores da Honda perderam a confiança neles como agentes das pautas da base, sendo eles "democráticos" ou não.

Outro exemplo de militância sem radicalização foi a greve de dez dias da Yue Yuen, em 2014, que mobilizou 40.000 trabalhadores do maior fabricante de calçados do mundo em Dongguan. O sociólogo Chen Chih-Jou, que estudou a greve de maneira meticulosa, ressaltou que permanecer dentro dos limites da lei continuou como regra geral, seguida também pelos trabalhadores comuns, líderes grevistas e os mais ousados ativistas de ONGs.

---

[13] Anita Chan, *Trade Union Elections at Foreign-owned Chinese Factories*, 2015, p. 94-113.

[14] Jianhua Wang, *Internet mobilization and Workers Collective Resistance in Subcontractor Factories*, 2011, p. 114-128.

Quando Zhang Zhiru, ativista de uma ONG, tornou-se um estrategista informal e conselheiro dos trabalhadores, ele enfatizava, sem parar, a necessidade de "tentar fazer uma resistência racional". Enviava mensagens de texto aos trabalhadores, explicando que "marchar em vias públicas e outras ações que perturbam a ordem não só prejudicam os interesses públicos, como também atraem a crítica popular contra nosso ativismo legal". Os trabalhadores grevistas também seguiram os conselhos do estudioso do trabalho Chang Kai, que apareceu em um grupo de mídia social dos trabalhadores e recomendou um quadro de ação "baseado no local de trabalho" e a eleição de representantes.[15] Não menos revelador é o fato de que os líderes dessa enorme greve não eram os muito comentados jovens trabalhadores migrantes de segunda geração, mas os veteranos que ascenderam para a gestão júnior e média, e cuja aposentadoria iminente fez com que verificassem suas contas previdenciárias, levando-os a descobrir o problema da inadimplência dos empregadores com suas contribuições. Conforme as fusões e reestruturações das empresas tornam-se gatilhos cada vez mais comuns para greves na China, os gerentes de linha foram convertendo-se em líderes grevistas. O tempo de emprego maior deixam-no mais vulneráveis quando as empresas se reestruturam e suas posições, habilidades e informações gerenciais permitem-lhes maior potencial de mobilização.[16]

Em suma, em vez de indicar uma radicalidade na ação, causando um ascenso de consciência e empoderamento dos trabalhadores, a evidência empírica atesta uma avaliação mais ponderada. Em termos demográficos, uma nova geração de trabalhadores migrantes apareceu nas cidades chinesas, mas não há evidências de que eles tenham mais consciência de classe, sejam mais politizados, mobilizados ou capacitados do que a mais velha. As principais preocupações entre os trabalhadores continuam sendo salário e indenizações legais (por exemplo, contribuições previdenciárias no

---

[15] Chih-jou Jay Chen, *Protest Mobilization in an Authoritarian Regime: A Wildcat Strike in Southern China*, 2015, p. 1-51.

[16] Alexandra Harney e John Ruwitch, *In China, Managers are the New Labor Activists*, 2014.

caso das greves da fábrica de calçados Yue Yuen em 2014), não a representação política ou o empoderamento institucional. A cultura consumista entre eles é individualista e oportunista, tendências reforçadas pelos caprichos do mercado de trabalho e pelo encurtamento da permanência no emprego. Duas citações de ativistas de ONGs trabalhistas lançam luz sobre este processo de atomização:

Nos dias correntes, o significado de "trabalhador antigo" nas empresas de TI é um funcionário que está na mesma fábrica há mais de um ano. É muito comum que um trabalhador fique em uma fábrica por dois ou três meses. Acho que a taxa de rotatividade nesta empresa é de mais de 50%. Então, tenho que encarar rostos novos todos os dias. Não é fácil informá-los do nosso trabalho em um período tão limitado.

A taxa de rotatividade é muito alta no setor da construção. Os trabalhadores sempre ficam num mesmo canteiro por menos de meio ano. Os trabalhadores sempre juntam-se às nossas atividades uma ou duas vezes. Mas, depois, eles se mudam. O nosso trabalho cotidiano é visitar o dormitório dos operários, onde encontro trabalhadores diferentes toda semana.[17]

Afinal, salários mais altos não indicam necessariamente empoderamento, sobretudo no contexto de preços crescentes nas cidades chinesas, e da estratégia do governo central de promover o consumo interno para reequilibrar a economia. A demanda dos trabalhadores por salários mais altos tem sido atendida com tolerância estatal e apoio tácito, porque se encaixa na estratégia de reestruturação macroeconômica do Estado. O 12º Plano Quinquenal (2011-2015) estipulou um aumento anual médio do salário mínimo de 13%, para atingir pelo menos 40% do salário urbano médio. O efeito mais geral tem sido o aumento salarial de dois dígitos em toda a China na última década.[18] Neste novo modelo de desenvolvimento, os trabalhadores são centrais para a economia não apenas como produtores diretos, mas também como consumidores em massa.

---

[17] Wei Zhao, *Between the Party/State and Workers: Development of Labor NGOs in China*, 2013.
[18] Li Li, *Maxing Out the Minimum Wage*, 2014.

## Inovações precárias das ONGs de base

À sombra dessas greves de destaque, acontecia outro processo de originalidade qualitativamente maior: cerca de uma dúzia de ONGs trabalhistas de base passaram a apoiar "convenções coletivas lideradas pelos trabalhadores", depois de terem prestado assistência jurídica e aconselhamento individual por anos aos trabalhadores. Com o apoio financeiro de grupos trabalhistas de fora da China, e a assessoria jurídica de advogados de direitos humanos na própria China, corajosos ativistas de ONGs construíram redes de militantes operários nas fábricas e alistaram a participação de estudantes universitários e acadêmicos de outras classes para sustentar e ampliar as greves. Até cunharam um novo termo: "ONG de movimento operário" para se distinguir de sua encarnação anterior como ONG prestadora de serviços.

Como as de outros campos, as ONGs trabalhistas surgiram pela primeira vez em meados da década de 1990, majoritariamente organizadas por ex-trabalhadores que tinham experiência direta com lesões industriais, atrasos nos salários e outras violações de direitos trabalhistas. Elas atendiam a necessidades não abordadas pelo aparato oficial do sindicato. Como uma organização corporativista estatal, na qual os quadros são nomeados pelo partido, a Federação de Sindicatos da China teve pouco incentivo institucional ou capacidade de ajudar, representar e organizar os trabalhadores. Arrogantes e pouco empáticos com quem trabalha, os sindicalistas estão mais sintonizados com a prioridade de seus "superiores burocráticos" para controlar as coisas, do que em aumentar os interesses e o poder de sua base.

As ONGs, em contrapartida, estão sintonizadas com as condições de existência dentro das fábricas. Mas tiveram que operar dentro de um limbo legal e com apoio financeiro instável, fornecido a cada projeto por vez, por fundações nacionais e internacionais. Por duas décadas, essas organizações informais de trabalhadores, assim como os trabalhadores migrantes que elas atendem, adotaram uma orientação moderada, legalista e apolítica, com foco no serviço (aconselhamento, recreação) e treinamento (habilidades computacionais, inglês básico, conhecimento jurídico), evitando qualquer campanha considerada "política" pelo governo. Apesar de vulnerável às pressões gêmeas da cooptação política pelo Estado e da venda de suas pesquisas para a indústria internacional de ONGs para gerar receita, as ONGs trabalhistas conseguiram persistir porque preencheram uma lacuna criada pela relutância do governo em fornecer serviços sociais para os trabalhadores migrantes, considerados "forasteiros", e cidadãos de segunda classe pelos funcionários públicos e moradores locais.[19]

Mas uma espécie de ruptura ocorreu por volta de 2011. Nessa conjuntura, várias das ONGs trabalhistas melhor estabelecidas na região do Delta do Rio das Pérolas, o destino mais popular da enorme força de trabalho migrante da China, tentaram mobilizar os operários para a prática da "convenção coletiva guiada pelos trabalhadores", em oposição à "consulta" coletiva liderada pelo sindicato oficial.[20] De acordo com a pesquisa pioneira da estudiosa do trabalho Li Chun-Yun, onze ONGs do movimento trabalhista organizaram 42 greves no sul da China entre 2011 e 2014.[21] O tamanho das empresas envolvidas nessas greves variava tão amplamente (de uma dezena a vários milhares de trabalhadores), quanto a diversidade de seus produtos e serviços — joias, sapatos, metal, brinquedos, papel, moldagem, equipamentos de golfe, móveis, couro, saneamento, segurança e transporte público. O que tornou essas greves qualitativamente diferentes das do passado foi o envolvimento de trabalhadores mobilizados de outras fábricas, bem como estudantes universitários, advogados e o público (através da mídia). Como catalisadores da mudança, essas ONGs tornam-se espaços de encontro para que líderes operários de diferentes

---

[19] Ching Kwan Lee e Yuan Shen, "The Anti-Solidarity Machine? Labor Nongovernmental Organizations in China", *From Iron Rice Bowl to Informalization*, 2011, p. 173-189.
20 Para uma discussão sobre a diferença entre consulta coletiva e convenção coletiva, ver Chris Chan e Elaine Hui, *The Development of Collective Bargaining in China*, 2013, p. 221-242.
[21] Chun Yun Li, *Unmaking the Authoritarian Labor Regime: Collective Bargaining and Labor Unrest in Contemporary China*, 2016.

fábricas se reunissem e compartilhassem suas experiências. Eles aconselhavam os trabalhadores sobre como minimizar confrontos físicos com os funcionários, formular demandas em linguagem jurídica eficaz e realizar campanhas eleitorais. Durante as greves, os ativistas das ONGs ajudaram a manter a moral e aumentar a confiança, fazendo com que estudantes universitários e acadêmicos dessem depoimentos de apoio nas assembleias de greve dos trabalhadores. Como o temor dos trabalhadores poderia ser um fator importante para minar as greves, os funcionários das ONGs também tentaram encorajar os líderes operários, por meio de um intenso aconselhamento psicológico, às vezes fazendo visitas às suas famílias nas respectivas cidades natal para ganhar o apoio de parentes para as lutas na cidade.

Quais foram as condições e contingências que impulsionaram essas organizações tradicionalmente moderadas, informais e pequenas, a tentar uma inovação ousada?

Suas experiências revelaram dois fatores-chave que produziram inovações na política popular, sob o regime autoritário: primeiro, que a repressão estatal pode, de forma inesperada, levar à radicalização, e, segundo, que indivíduos carismáticos, apoiados em conexões pessoais com superiores na estrutura autoritária, podem abrir espaços dentro de um contexto de unipartidarismo autoritário altamente burocratizado. É evidente que sustentar tais momentos de poder popular e torná-los pontos de partida para criar movimentos, ou mesmo construir instituições, representa desafios intimidadores sob o novo normal na China. Ainda assim, há muito a se aprender vendo mais de perto como essas ONGs se reinventaram.

O Delta do Rio das Pérolas (na província de Guangdong) é o bastião mais vibrante das ONGs operárias devido à alta concentração de trabalhadores migrantes. Tendo estabelecido sua presença e credibilidade entre os trabalhadores das cidades industriais, e suportado muitos anos de assédio e repressões periódicas pelo Estado, os ativistas das ONGs acumularam quase duas décadas de experiência organizacional e conhecimento jurídico. Formaram redes de troca de informação e oficinas de treinamento entre si, nas quais discutiam as falhas do antigo modelo de recreação e serviço, bem como a crescente intolerância do Estado mesmo a uma abordagem tão apolítica. Depois que uma onda de repressão causou o despejo de uma dezena de ONGs trabalhistas das instalações que alugavam, alguns ativistas decidiram dobrar a aposta. Um membro de uma ONG relembra: "Quando funcionários do governo passaram frequentemente a nos expulsar de nossos escritórios, eles aceleraram a nossa escolha, ou seja, uma vez que não haveria recuo, eles decidiram tentar esta abordagem coletiva (de convenção coletiva encabeçada pelos trabalhadores)."[22] O *China Labour Bulletin* (CLB) teve um papel de assessoria vital, talvez a ONG externa mais influente na promoção de direitos trabalhistas chineses. Dirigido pelo sindicalista independente Han Dongfang, exilado em Hong Kong, o CLB defende desde 2005 a convenção coletiva no local de trabalho, em vez de reformas constitucionais, em uma estratégia deliberada para separar a luta pelos direitos trabalhistas de acusações de quererem instigar a mudança de regime.

Han explica: "Os trabalhadores chineses fizeram alguma exigência política em suas greves? A resposta era 'não'. Na verdade, em todas as suas ações de greve, os trabalhadores estavam apenas pedindo por pagamento de horas extras e benefícios legalmente devidos. Queriam aumentar seu salário a um nível que refletisse seu trabalho e garantisse a subsistência de sua família."[23] O CLB foi fundamental para arrecadar fundos que permitissem que as ONGs do movimento trabalhista seguissem essa nova tática.

Se a mudança na estratégia das ONGs trabalhistas de ambos os lados da fronteira ilustrou que a repressão poderia levar à radicalização, seus advogados parceiros demonstram o papel desproporcional que indivíduos carismáticos podem desempenhar no desafio ao *status quo*. Laços particulares e pessoais (*guanxi*) com

---

[22] Chun Yun Li, 2016, p. 23
[23] Dong Fang Han, *Prepared Statement, Hearing before the Subcommittee on Asia and the Pacific*, US Congress, House of Representative, 2015, p 114-72.

a elite governante podem criar espaços inesperados para agitar as coisas. Neste caso, o advogado trabalhista Duan Yi, de 59 anos, tornou-se o que um estudioso do trabalho chinês chamou de "orquestrador do movimento sindical da China". Filho de um oficial militar e de uma funcionária ministerial do governo, Duan fundou em Shenzen o escritório de advocacia Laowei em 2005. Tendo recuperado com sucesso salários e indenizações de muitos trabalhadores, ele percebeu que a convenção coletiva, respaldada pela ameaça de ações grevistas, era o meio mais eficaz de garantir os direitos dos trabalhadores. Em 2012, ele e seus colegas haviam treinado dois mil trabalhadores para praticar a negociação coletiva liderada por eles próprios.[24] O pedigree de Duan e seus laços com os *princilings* (filhos da alta cúpula partidária) o protegiam. Quando a pressão policial aumentou em 2013, ele enviou uma carta ao presidente Xi Jinping por intermédio de um amigo, para explicar a legitimidade de sua abordagem.[25] Xi teria repreendido o sindicato oficial por não fazer o suficiente para conter a onda de ativismo trabalhista durante seu mandato, acusando os sindicatos oficiais de "quatro tendências decadentes" – burocratização, administração, aristocratização e recreacionalismo.

De fato, as críticas do próprio Xi aos sindicatos oficiais, e sua enorme preocupação com a estabilidade social, sugeriram vários pontos importantes de partida para o ativismo das ONGs. Elas acumularam capital social entre os trabalhadores, algo de que os sindicatos oficiais carecem e foram incapazes de desenvolver por terem suas atribuições definidas pelo PCCh. Os serviços educacionais e recreativos das ONGs ajudam a resolver os problemas diários de subsistência entre a grande força de trabalho migrante (por exemplo, assistência jurídica, escola para as crianças migrantes e acompanhamento psicológico). Em tempos de greve, os trabalhadores procuram assessoria de ativistas das

---

[24] Uma entrevista com Duan Yi, discutindo a trajetória de seu envolvimento em casos de direitos trabalhistas, pode ser encontrada na revista da Federação de Sindicatos da China, Zhongguo Gongren (Trabalhadores Chineses), N. 5, 2012.

[25] John Ruwitch, *Labor Movement "concertmaster" tests Pequin's boundaries*, 2014.

ONGs sobre como manter a solidariedade, formular demandas, eleger representantes dos trabalhadores e financiar suas lutas. Pode-se dizer que isso desempenhou um papel importante na "manutenção da estabilidade" (o item crítico nos cartões de pontuação de desempenho das autoridades locais), porque deixou a movimentação dos trabalhadores mais organizada e, portanto, mais fácil de administrar. Mas como uma faca de dois gumes, a popularidade e as capacidades organizacionais das ONGs trabalhistas são tanto necessárias quanto indesejáveis para o regime.[26]

As ONGs trabalhistas são indesejáveis porque ameaçam a hegemonia dos sindicatos oficiais, que tiveram que realizar eleições de fachada (sobretudo nas lojas do Walmart na China e em alguns fornecedores de empresas da *Fortune 500*) para manter uma aparência de legitimidade. Mas, como Anita Chan argumentou com perspicácia, essas tentativas de reforma superficial tiveram consequências não intencionais, pois causaram clivagens de interesses divergentes entre os diferentes níveis da burocracia sindical, e incitaram debates entre os quadros da Federação Sindical Chinesa.[27] Nos últimos anos, a competição com ONGs trabalhistas em Guangdong levou alguns funcionários locais da FSC a emular as ONGs, promovendo clubes administrados por trabalhadores dentro das fábricas e oferecendo formação organizacional e jurídica para líderes do movimento.[28] Tudo isso aconteceu enquanto as autoridades locais seguiam assediando e intimidando ativistas das ONGs. Até agora, o governo se esquivou de proibir as ONGs do movimento dos trabalhadores, preferindo, em vez disso, "discipliná-las" com repressões cíclicas e seletivas. Mas há, claramente, um limite implícito que as ONGs não têm permissão de passar.

---

[26] Para uma discussão sobre essa simbiose contingente entre o Estado chinês e as ONGs em geral, ver Anthony J. Spires, *Contingent Symbiosis and Civil Society in an Authoritarian State: Understanding the Survival of China's Grassroots NGOs*, 2011.

[27] Anita Chan, *Trade Union Elections at Foreign-owned Chinese Factories*, 2015.

[28] Lefeng Lin, estudante de sociologia da Universidade de Wisconsin, Madison, realizou em Shenzhen pesquisas etnográficas iniciais sobre este tema para sua pesquisa de dissertação de doutorado.

## Novo normal: crescimento lento e autoritarismo disciplinar

Esse limite revelou-se de forma dramática em dezembro de 2015 quando, após cerca de 70 greves com coordenação e recursos de ONGs,[29] onze funcionários de diferentes ONGs trabalhistas foram presos. Quatro acabaram liberados sem acusação, mas sete permaneceram detidos. Zeng Feiyang – provavelmente o ativista mais conhecido – e sua organização, o Centro de Serviços para Trabalhadores Migrantes de Panyu, foram submetidos a uma campanha de difamação na televisão nacional e na mídia oficial.[30] Afinal, em setembro de 2016, três ativistas foram acusados e condenados por perturbação da ordem pública, mas suas penas foram suspensas sob algumas condições. Tanto no veredito do tribunal quanto na mídia, o governo insistia que tratavam-se de agentes treinados por forças forasteiras hostis, com a intenção de criar o caos na China, exacerbando conflitos trabalhistas. Essas acusações fizeram eco na retórica xenofóbica da nova Lei de Gestão de ONGs Estrangeiras, aprovada alguns meses antes, em 2016, que colocava ONGs estrangeiras e seus parceiros chineses sob a regulamentação e vigilância do Ministério de Segurança Pública.[31]

A repressão às ONGs do movimento dos trabalhadores é apenas um exemplo do amplo ataque do presidente Xi Jinping à sociedade civil desde o final de 2012. A mídia, a internet, as universidades, os advogados de direitos humanos e as feministas foram todos subjugados ao fechamento de cerco pelo governo. O "Incidente de 09/07", no qual mais de trezentos advogados e seus associados foram detidos, encarcerados, ou desapareceram em uma varredura nacional em 9 de julho de 2015, tornou-se emblemático da virada do regime para a linha-dura. Mas o que estava por detrás dessa mudança orquestrada?

---

[29] Dong Fang Han, op. cit.
[30] Zhang Cong, *From the end of "lucky star" true colors*, 2015; *"Industry Star" Zengfei foreign crime investigation*, 2015.
[31] Edward Wong, *Clampdown in China Restricts 7,000 Foreign Organizations*, 2016.

Desde o colapso da União Soviética, há um medo palpável entre os principais líderes comunistas chineses quanto à infiltração ocidental de ideias políticas e da sociedade civil. Para eles, a conspiração ocidental de "evolução pacífica" estava por detrás das "revoluções coloridas" nos Bálcãs e no Oriente Médio, na primeira metade dos anos 2000, dos levantes de 2008 no Tibete e das revoltas de 2009 em Xinjiang, da Primavera Árabe de 2011 e da revolta do guarda-chuva de 2014 em Hong Kong. Quando Xi assumiu o poder, a ameaça da dissidência política era agravada pela economia global estremecida, que ameaçava a legitimidade pública que o PCCh havia estabelecido durante o período de alto crescimento. Talvez antecipando o progressivo descontentamento, e a agitação social que acompanham uma economia lenta, o regime tenha recorrido cada vez mais a medidas preventivas e coercitivas. Observadores da alta política chinesa também enfatizaram a predileção pessoal de Xi por centralizar poder em torno de si, violando a norma estabelecida de liderança coletiva, ao incentivar um culto à personalidade e executar expurgos implacáveis de oponentes políticos, em nome do combate à corrupção.[32]

Comparado a seus predecessores imediatos, Xi é um autocrata particularmente obstinado, supervisionando um modo de autoritarismo "disciplinar" linha-dura nos dois sentidos da palavra. Primeiro, ele não hesita em reprimir o mais amplo espectro de dissidência, afirmando que a luta por direitos é subversiva e de inspiração estrangeira. Em segundo lugar, ele quer incutir um sentimento mais forte de autodisciplina nacionalista na população chinesa. Resumido na ideia do "Sonho Chinês", Xi exorta o povo da China a "integrar as aspirações nacionais e pessoais, com o duplo objetivo de recuperar o orgulho nacional e alcançar o bem-estar pessoal".[33] Em forte contraste com a ênfase de lideranças anteriores na convergência internacional, este regime atual alimenta os sentimentos excludentes de nacionalismo e singularidade cultural, nega a legitimidade de "valores universais"

---

[32] Cheng Li, *Chinese Politics in the Xi Jinping Era*, 2016; Evan Osnos, *Born Red*, 2015.

[33] USA, *Potential of the Chinese Dream*, 2014.

(como direitos humanos e democracia) na China, e demoniza as influências estrangeiras, taxando-as de politicamente motivadas. Com a ajuda da tecnologia, a vigilância estatal da vida cotidiana das pessoas alcançou um nível microscópico sem precedentes.

Além da repressão estatal, as lutas dos trabalhadores também devem se ajustar à realidade traiçoeira descrita pelo primeiro-ministro chinês Li Keqiang no "novo normal econômico". O governo chinês anunciou oficialmente o fim do período de alto crescimento.[34] O 12º Plano Quinquenal (2011-2015) reconheceu que o crescimento anual superior a 10% (média entre 2003-2010) era insustentável, e considerava uma taxa anual em torno de 7%, depois revisada para 6,5% no 13º Plano Quinquenal (2016-2020).[35] Afetado pela sobrecapacidade na produção de aço e carvão e outras indústrias estatais "zumbis", em 2015 o governo anunciou, para o ano seguinte, a demissão em massa de entre 5 a 6 milhões de trabalhadores.[36] Altos funcionários em Pequim culparam a Lei do Contrato de Trabalho por criar rigidez e negligenciar interesses comerciais, enquanto alguns governos locais congelaram os aumentos salariais e reduziram a contribuição dos empregadores para as contas de previdência social. O governo sinalizou sua intenção de revisar a legislação trabalhista, para reduzir a proteção aos trabalhadores e criar mais flexibilidade no mercado de trabalho em face à desaceleração econômica.[37]

O desafio para a população trabalhadora, sob o novo normal, é muito mais complicado do que uma simples redução na taxa de crescimento agregado, ou um aumento da precariedade. Se a classe se define de forma relacional, podemos postular que a classe trabalhadora chinesa deve enfrentar não apenas as relações de exploração laboral e a exclusão do mercado de trabalho, mas três outros tipos de subordinação relacional: expropriação, endividamento e

---

[34] Keith Bradsher, *In China, Sobering Signs of Slower Growth*, 2012.
[35] "China's Priorities for the Next Five Years", *US-China Business Council*, 2010. "The 13th Five-Year Plan: Xi Jinping Reiterates his Vision for China", *ABCO*, 2015.
[36] Benjamin Kang Lim, Matthew Miller e David Stanway, *Exclusive: China to lay off five to six million workers, earmarks at least $23 billion*, 2016.
[37] Chun Han Wong, *China Looks to Loosen Job Security Law in the Face of Slowing Economic Growth*, 2016.

desorganização. A tríade pode minar a capacidade do trabalhador, e contribuir para uma potencial crise na reprodução social do trabalho, na medida em que a resistência dos trabalhadores se torna mais atomizada e volátil.

## Expropriação

Na esteira da crise financeira global de 2008, conforme mencionado acima, o governo chinês lançou um pacote de estímulo histórico equivalente a 12,5% do PIB de 2008. Isso desencadeou uma onda de crescimento alimentada pelo endividamento, conforme os governos locais tomavam empréstimos de bancos estaduais para subsidiar o desenvolvimento imobiliário e financiar projetos de infraestrutura de transporte e energia. Embora essas medidas tenham estabilizado a economia no curto prazo, elas tiveram consequências perversas para os trabalhadores migrantes que mantiveram seus vínculos com o campo. Os governos locais usam, sem escrúpulos, instrumentos de desapropriação pública para confiscar a terra dos camponeses com garantia ou visando revendê-las para pagar os juros de suas enormes dívidas. Ao mesmo tempo, em 2014, o governo central promulgou o "Plano Nacional de Urbanização de Novo Tipo", projetado para aumentar a população urbana da China (e a base de consumidores de massa) de 56% para 60% até 2020.[38] Elogiando o plano, o primeiro-ministro Li Keqiang afirmou que "todos os residentes rurais que se tornam moradores urbanos aumentaram o consumo em mais de 10.000 yuans (1.587 dólares) (...) ainda existe uma enorme fonte inexplorada de mão de obra nas aldeias, mantendo um grande potencial para a demanda doméstica enquanto resultado da urbanização."[39]

Na medida em que a terra agrícola é transformada em receita ou esvaziada para o desenvolvimento urbano, a base de apoio rural para a migração urbana desaparece. Torna-se difícil, senão impossível, para os migrantes mitigar o desemprego ou o adoecimento com recursos retirados de suas fazendas e redes de parentesco rurais. Além disso, a

---

[38] Sara Hsu, *China's Urbanization Plans Need To Move Faster in 2017*, 2016.
[39] Li Keqiang, *Li Keqiang expounds on urbanization*, 2013.

escala das apropriações de terras assumiu dimensões épicas. De 1.791 aldeias recenseadas em uma pesquisa plurianual em 17 províncias, 43% sofreram confisco e vendas forçadas de terras.[40] Um estudo etnográfico recente descreve a dura realidade de trabalhadores migrantes depois de perderem suas terras. Sichuan, uma das províncias que mais fornece mão de obra na China, tornou-se fonte indesejável de corretores de mão de obra do setor da construção civil. Visto que os corretores precisam garantir os custos de subsistência e de transporte no período em que os trabalhadores estão empregados, e que estes devem sobreviver até o final do ano para receber o salário, os trabalhadores sem-terra – o que quer dizer, os sem recursos – são considerados um risco desnecessário. "Na ausência de terra, corretores e trabalhadores enfrentam novas pressões financeiras. Os corretores devem transferir o recrutamento para locais onde os trabalhadores possuem terras e são capazes de sustentar empregos precários."[41] Em suma, os trabalhadores migrantes chineses sem-terra, agora nominalmente residentes de cantões urbanos, encontram-se na posição de uma nova subclasse que é ainda mais precária do que a dos trabalhadores migrantes, proprietários de terras convencionais.

## Endividamento

Em resposta a uma economia em desaceleração, Pequim incentivou com entusiasmo o "empreendedorismo de massa" e as microempresas digitais. Para substituir uma cultura de emprego por uma de empreendedorismo, o primeiro-ministro Li anunciou no Relatório Governamental do Trabalho de 2015 que "empreendedorismo inovador" é o "novo normal econômico" para os cidadãos chineses.[42] De 2014 a 2015, 3,5 milhões de novas entidades comerciais particulares foram formadas, e 90% eram microempresas de tecnologia, software, entretenimento e serviços.[43]

---

[40] "Research Report: Summary 2011 17-Province Survey's Findings", *Landesa*, 2012.
[41] Julia Chuang, *Urbanization through Dispossession: Survival and Stratification in China's New Townships*, 2015, p. 275-94.
[42] Wai Wu Chu Lu Guanqiong, *Interpreting Public Entrepreneurship and Innovation*, 2015.
[43] Rungain Think Tank of Entrepreneurship, *2014 Report on China's Innovative Entrepreneurship*, 2015.

Trabalhadoras demitidas, por exemplo, foram incentivadas a tornarem-se motoristas e entregadoras sob demanda. A "economia de compartilhamento", exemplificada na Europa e nos Estados Unidos por empresas como Uber ou Lyft, logo tornou-se um setor com um contingente de dez milhões de trabalhadores, incluindo cerca de 1,2 milhão de entregadores e funcionários de depósito, apenas no comércio eletrônico.[44] Enquanto isso, 20 províncias agora fornecem empréstimos, subsídios de aluguel e reduções de impostos para incentivar universitários recém-formados a criar microempresas, incubadoras tecnológicas e negócios online.[45] Os aumentos espantosos da dívida pública e privada equivalem a saquear recursos das gerações futuras para assegurar a paz social no presente. A política de crédito se transformará em uma importante arena de luta, conforme o "Estado da dívida" e a "sociedade da dívida" competem pela alocação de créditos. A recente experiência nacional do governo chinês, com o uso de *big data* para atribuir uma classificação de crédito social a todos os cidadãos, pressagia de forma preocupante o aumento do crédito como meio de controle autoritário.[46]

## Economia de aplicativos: microtrabalho, erros de classificação e desorganização

Desde 2015, a economia de aplicativos, em que as transações de mercado são estruturadas pela utilização de *big data*, algoritmos e computação em nuvem nas plataformas digitais construídas por empresas de capital intensivo, converteu-se no novo motor de crescimento econômico chinês, em especial no setor de serviços que, como vimos, já ultrapassou a manufatura em termos de

---

[44] Ryan McMorrow, *For Couriers, China's E-Commerce Boom Can be a Tough Road*, 2017.
[45] He Huifeng, *Premier Li Keqiang's innovation push proves no miracle cure for China's economy*, 2017. The State Council, *Opinions of the State Council on Several Policy Measures for Promoting Public Innovation in Public Entrepreneurship*, 2015.
[46] Josh Chin e Gillian Wong, *China's New Tool for Social Control: a Credit-rating for Everything*, 2016.

geração de emprego.[47] Também chamada de economia do compartilhamento ou "internet +", a economia de aplicativos crescerá 40%, ao ano e responderá por 10% de PIB até 2020 e 20% até 2025.

As principais empresas de aplicativos chinesas surgiram nos setores de aluguel de imóveis, transporte, comércio eletrônico, financiamento coletivo, serviços pessoais e domésticos. O capital de plataformas digitais, combinando proezas financeiras e informacionais, tende a ser oligopolista, enquanto que a força de trabalho empregada é extremamente atomizada, informalizada e precária. Em 2015, das cerca de 10 milhões de pessoas envolvidas no gigante do comércio eletrônico Alibaba, 80% eram autônomas. Uma porcentagem ainda maior de empresas online recusa contratos de emprego a seus trabalhadores. Como resultado, mais de 2 milhões de jovens migrantes agora trabalham em estoques ou como entregadores, onde não há contratos e os baixos salários e as péssimas condições geram uma taxa de rotatividade anual da força de trabalho em mais de 50%. Da mesma forma, os 15 milhões de motoristas que trabalham para a Didi Chuxing, empresa chinesa que adquiriu a Uber na China em 2016, não têm garantias contratuais.

Quando milhões de trabalhadores, usando seus próprios meios de produção, trabalham em casa em tarefas fragmentadas, atribuídas sob demanda através de aplicativos digitais impessoais mediados por uma tela, sem status legalmente reconhecível ou classificável aos olhos da lei ou do Estado, organizá-los como atores coletivos torna-se uma tarefa inimaginavelmente desanimadora. Conforme os trabalhadores combinam várias fontes de renda e recursos, seus interesses (seja com base no status do mercado ou local de produção) também são diferenciados e fragmentados. No longo prazo, como em outras sociedades, a precariedade torna-se normalizada em vez de questionada, na medida em que a geração mais jovem de candidatos a vagas de emprego é privada da experiência de um emprego padrão.[48]

---

[47] Martin Kenney e John Zysman, *The Rise of the Platform Economy*, 2016, p. 60-70. Entre 20-30% das pessoas nos EUA e na Europa trabalham de forma independente na economia de aplicativos como trabalhadores temporários ou integrais. Sarah O'Connor, *World's "Gig Economy" Larger than Thought*, 2016.

[48] Juliet Webster, *The Microworkers in the Gig Economy: Separate and Precarious*, 2016, p. 56-64.

## Reprodução Social como Campo de Disputa

A confluência de expropriação, endividamento, informalização e erros de classificação borrou a fronteira entre produção e reprodução social e introduziu novos recursos nos protestos dos trabalhadores. As demandas básicas dos trabalhadores estão cada vez mais focadas em questões de aposentadoria, moradia e sustento. Em outras palavras, a reprodução social do trabalho. Conforme a primeira geração de trabalhadores migrantes aproxima-se da idade de aposentadoria, eles ficam mais atentos aos empregadores que fazem as contribuições legalmente exigidas para seus fundos de pensão e moradia. Trabalhadores do setor estatal do Cinturão da Ferrugem, recém-demitidos na campanha de Pequim para reduzir sobrecapacidade industrial, exigem intervenção estatal para proteger seu poder aquisitivo e fundos de aposentadoria. Para os trabalhadores informais que ocupam as fronteiras turvas entre capital e trabalho, assalariados e autônomos, as demandas são enquadradas e vivenciadas, de maneira ampla, como uma crise de subsistência. Em 2015, por exemplo, uma onda de greves de táxi atingiu grandes cidades nas províncias costeiras e do interior, em resposta à competição de serviços de transporte por aplicativo. Embora os motoristas de táxi sejam autônomos – eles possuem os meios de produção (táxis), pagam a gasolina, o seguro e a manutenção do carro e não são empregados de empresas de táxi – eles têm de pagar uma "mensalidade" fixa para a empresa para participar dessa indústria semimonopolista. A competição com motoristas de aplicativos ameaçou seu "meio de vida", e a "sobrevivência" dos taxistas, que agora usam esses termos para descrever as razões de suas greves.[49]

Para aqueles que não têm capital cultural e financeiro para converterem-se em empreendedores na economia de aplicativos, o trabalho autônomo nas ruas está cada vez mais difícil. As usurpações do governo ao uso dos "bens comuns urbanos" estão privando os trabalhadores precários de um recurso crucial para sua economia de

---

[49] Yangcheng Evening News, *Many taxi outages over taxi car software*, 2016; *More than a taxi outage event, only "black car" to blame*, 2015.

subsistência nas cidades chinesas. Como Michael Goldman astutamente observa nos centros urbanos indianos, as agências governamentais estão, às pressas, convertendo o espaço público (lagos, calçadas, mercados, terminais de ônibus, parques e assim por diante) em imóveis especulativos. Mobilizando a ideologia de criar "cidades globais", esses governos locais estão cada vez mais substituindo os catadores de lixo, limpadores de bueiros, coletores de sucata, vendedores ambulantes, carregadores e vendedores de lanches e chá para abrir caminho ao capital especulativo global.[50] Na China, os confrontos dos vendedores ambulantes com os *chengguan*, uma força parapolicial criada no final dos anos 1990, não raro desandavam para a violência, transformando-se em protestos de massa envolvendo residentes locais ressentidos com a brutalidade oficial.[51] Em 2011, em Zengcheng, uma briga entre uma vendedora ambulante grávida e um *chengguan* acabou em vários dias de revoltas de trabalhadores informais migrantes, que atearam fogo a escritórios do governo e destruíram carros de polícia. Em uma escala muito menor, confrontos violentos eclodiram em 2013 entre cidadãos e policiais após a morte de um vendedor de melancias, que foi atacado pelo *chengguan* em Linwu, uma cidade na província de Hunan.[52] A volatilidade expressa nessas lutas por sobrevivência desafia a burocratização e a negociação ordeira, rememorando as consequências imprevisíveis da autoimolação de um vendedor ambulante na Tunísia, em janeiro de 2011.

## De momentos a movimentos

Este ensaio oferece um esboço geral da política trabalhista chinesa, no contexto da transição gradual da China para um novo normal de crescimento lento e autoritarismo disciplinar. Durante três décadas, o aprofundamento da integração da China na economia capitalista global produziu um *boom* lendário, que

---

[50] Michael Goldman, *With the Declining Significance of Labor, Who is Producing our Global Cities?*, 2015, p. 153.
[51] Sarah Swider, *Reshaping China's Urban Citizenship: Street Vendors, Chengguan and Struggles over the Right to the City*, 2015.
[52] Andrew Jacobs, *Death of Watermelon Vendor Sets Off Outcry in China*, 2013.

impulsionou o governo unipartidário, mas também tornou-o vulnerável à instabilidade econômica global que, em última instância, exigiu grandes ajustes nas estratégias de desenvolvimento e governança. Essas novas condições político-econômicas moldarão o futuro da luta de classes na China. Ao longo da era da reforma, a agitação crescente dos trabalhadores, ainda que localizada e legalista, foi um fato da vida para o qual o governo chinês desenvolveu um elaborado sistema multifacetado de absorção burocrática, negociação rotineira e repressão seletiva. Essas características há muito estabelecidas foram negligenciadas na maioria das avaliações da onda de greves em grandes empresas de capital estrangeiro desde 2010. A previsão eufórica de um movimento trabalhista mais poderoso e independente, nesse contexto, se desfez diante das respostas previsivelmente hábeis e manipuladoras das corporações e do partido. Houve uma verdadeira inovação no modo de luta dos trabalhadores, em especial na criação de redes de solidariedade para além das fronteiras econômicas e geográficas, mas ela tem sido liderada pelas ONGs trabalhistas semilegais, em greves menos conhecidas em indústrias e serviços não necessariamente ligados às cadeias globais de valor. Elas serão sustentáveis? A verdadeira questão é saber se os momentos de radicalização podem ou não ser consolidados como movimentos de lutas sustentadas.

A nova normalidade econômica na China não ajuda a aumentar a capacidade coletiva dos trabalhadores chineses. Conforme os setores que oferecem contratos de emprego encolhem, o empreendedorismo substitui o assalariamento e a dívida pública e privada aumenta, as lutas trabalhistas podem desenvolver uma dupla tendência. O padrão de greves isoladas e contidas continuará entre os trabalhadores que têm emprego formal na indústria e serviços, enquanto os que estão no emprego informal e precário recorrem à conformidade ou resistência atomizada (por exemplo, confronto com a polícia, perturbação da ordem pública e suicídios). As estatísticas indicam que a economia está se afastando das indústrias exportadoras em direção aos setores de serviços de aplicativos de internet e os movidos por endividamento. As exportações representaram apenas 19% do PIB da China em 2016, abaixo dos 35% em 2007, enquanto o setor terciário cresceu 52% e o consumo privado teve um ligeiro aumento de 35% do PIB em 2007 para 37% em 2015.[53] A economia de aplicativos deve crescer 40% ao ano e atingir 10% do PIB até 2020, acrescentando 100 milhões de empregos, a maioria informais, ao mercado de trabalho.[54] Ao mesmo tempo, a participação da dívida dos domicílios chineses no PIB aumentou de 30% em 2011 para 60% em 2017, enquanto a dívida pública subiu de 15% em 2011 para 38,5% em 2014.[55]

No front político, enquanto Xi continua a promover o nacionalismo antiestrangeiro para justificar suas políticas linha-dura em relação à sociedade civil, o espaço para a organização do trabalho está fadado a diminuir. No entanto, o que também parece claro até agora é que a repressão estatal não significou a eliminação total das ONGs. Os três ativistas presos envolvidos nas ONGs do movimento dos trabalhadores tiveram suas sentenças suspensas e sua organização continua existindo até o momento, apesar de um ativista ter recebido uma pena de 21 meses de prisão. Talvez graças à necessidade do Estado dos serviços das ONGs, as autoridades locais sinalizaram que elas poderiam continuar seu trabalho, desde que não se envolvessem com nenhuma instituição estrangeira, insinuando que a divisão estrangeiro *versus* doméstico era o novo limite patrulhado pelo Estado com relação à sociedade civil em geral.[56] Ao mesmo tempo, algumas ONGs estão se voltando a uma estratégia de sobrevivência mais colaborativa, tornando-se parceiras da política do governo de subcontratar serviços sociais para organizações comunitárias. Isso cria uma tábua de salvação financeira para as ONGs empobrecidas e permite que o Estado canalize suas atividades nas arenas que servem a seus interesses.[57]

---

[53] Dados das contas nacionais do Banco Mundial e arquivos de dados das Contas Nacionais OECD, Exportação de Bens e Serviços (porcentagem do PIB) na China, e Despesa Final do Consumo Domiciliar etc. (% do GDP) na China; Xinhua, *Share of services hits record high in China 2016 GDP*, 2017.

[54] Lim Yan Liang, *China's Soaring Sharing Economy*, 2017.

[55] Comunicação pessoal com Victor Shih.

[56] Comunicação pessoal com Anita Chan.

[57] Jude Howell, *Shall We Dance? Welfarist Incorporation and the Politics of State-Labor NGO Relations*, 2015, p. 702-723.

## A Questão Chinesa

No caso chinês, não devemos nunca confundir autoritarismo com rigidez. Apesar de sua política autocrática, o partido tem um histórico de resistir a muitas crises socioeconômicas, respondendo ao descontentamento social com concessões materiais e inovações nas políticas públicas para garantir a estabilidade social. Enquanto o Estado puder continuar dependendo do sistema existente de reforma da legislação, gestão de conflitos e repressão seletiva para controlar embates trabalhistas no setor industrial, ele poderá ser compelido mais uma vez a encontrar novas soluções nas políticas públicas, até mesmo um novo contrato social, enquanto a economia de aplicativos voltada para o serviço cresce, as fronteiras entre o trabalho e o capital se desmantelam e as pressões dos meios de subsistência aumentam para o povo. Afinal, comparando a uma democracia, um Estado unipartidário possui poder inigualável, porém responsabilidade idem.

# 2.
# A campanha por direitos sindicais na fábrica Jasic[1]

Jenny Chan[2]

---

[1] "Jasic Workers Fight for Union Rights", *New Politics*, inverno de 2019, Vol. XVII, No. 2, disponível em https://newpol.org/issue_post/jasic-workers-fight-for-union-rights/.
[2] É professora assistente no Departamento de Ciências Sociais Aplicadas, da Universidade Politécnica de Hong Kong. Ela também é vice-presidente do comitê de pesquisa sobre movimentos trabalhistas na Associação Internacional de Sociologia. Seu livro, *Dying for an iPhone, Apple, Foxconn and the Lives of Workers* (Pluto 2020), escrito com Mark Seldon e Pun Ngai, baseia-se em pesquisa de campo realizada por meio de infiltração clandestina em fábricas chinesas.

No dia 27 de julho de 2018, 30 manifestantes de Shenzhen, sendo 29 trabalhadores da empresa Jasic Technology e uma estudante universitária, foram presos pela polícia. Shen Mengyu, a recém-formada que se solidarizou com os trabalhadores no protesto, está, desde então, completamente isolada dos meios de comunicação. Recentemente, o cerco fechou em torno do *Dagongzhe Zhongxin*, que significa, ao pé da letra, Centro dos Trabalhadores Migrantes, entidade que fornece serviços jurídicos gratuitos e outros auxílios a trabalhadores migrantes chineses nas cidades industriais de Shenzhen, desde 2000[3]. Sua equipe, alega-se, estava ligada aos protestos da Jasic. Segundo a imprensa estatal, o conflito fundamental deu-se pelas "ações ilegais e violentas" dos trabalhadores demitidos da Jasic[4], e pela instigação de uma "organização ilegal não-registrada".[5] Ao contrário dessas afirmações do governo chinês, argumentamos que o problema central foram as flagrantes violações de direitos e interesses dos trabalhadores, tanto pelo empregador da Jasic quanto pelo governo – incluindo a única central sindical oficial do país, a Federação de Sindicatos da China (FSC).

No início de maio, vários trabalhadores da Jasic relataram a uma agência de assuntos trabalhistas a imposição arbitrária de multas punitivas e turnos irregulares de trabalho por parte da

---

[3] O centro Dagongzhe Zhongxin colabora há muito tempo com o Worker Empowerment, um grupo não-governamental de direitos trabalhistas de Hong Kong. Veja *Statement from Worker Empowerment*, 2018. Ver também a declaração conjunta do Centro de Trabalhadores de Shenzhen Dagongzhe e da Worker Empowerment, intitulada *Liberte Fu Changguo Agora!*, 2018. Para mais discussões, ver Tim Pringle e Anita Chan, *China's Labour Relations Have Entered a Dangerous New Phase, as Shown by Attacks on Jasic Workers and Activists*, 2018; Elaine Hui e Eli Friedman, *The Communist Party vs. China's Labor Laws*, 2018; uma série de artigos sobre "The Jasic Workers' Struggle in China" na revista *Labour Notes*, 2018.

[4] Xinhua, *Investigation on So-called Worker Incidents in Shenzhen*, 2018.

[5] Zhao Yusha, *Chinese Workers Warned Against Foreign-funded Advocacy Groups*, 2018.

empresa, bem como pagamentos incompletos do fundo habitacional.[6] Frente à situação, alguns dirigentes sindicais distritais aconselharam salvaguarda em conformidade com a lei. De acordo com a lei sindical chinesa, todos os tipos de empresas com 25 funcionários ou mais devem ter "comitês sindicais de nível básico" no chão de fábrica (Artigo 10). Um sindicato de empresas deve ser aprovado pelo sindicato do nível imediatamente acima (Artigo 11).

Um dos principais objetivos sociopolíticos da FSC é impedir o desenvolvimento de sindicatos independentes fora do regime unipartidário. Apesar do salto da central sindical chinesa desde os anos 1990, quando as greves e protestos operários estavam dispersos, mas cresciam por todo o país, apenas 33% das 480.000 empresas de capital estrangeiro, e menos de 30% das empresas privadas tinham criado sindicatos até meados de 2005.[7] Com a intensificação da organização dos dirigentes dos sindicatos provinciais, Guangdong pretendia "ver sindicatos em 60% das empresas de investimento estrangeiro" até o final de 2006, e "em todas as empresas financiadas pelas 500 maiores multinacionais do mundo", até 2007.[8] Em dezembro de 2009, "foram estabelecidos sindicatos em 92% das empresas da Fortune 500 que operam na China", incluindo gigantes como a Foxconn e a Walmart.[9] Até o final de 2016, havia 2,8 milhões de sindicatos em empresas com mais de 302 milhões de filiados em todo o país, tornando a China a maior força de trabalho sindicalizada do mundo.[10]

---

[6] Desde 1 de julho de 2011, de acordo com a Lei de Seguridade Social da China, os trabalhadores têm direto legal a cinco tipos de seguros (médico, acidente de trabalho, aposentadoria, maternidade e desemprego) e a um fundo habitacional (feito para garantir que os trabalhadores poupem para comprar uma casa).

[7] Federação de Sindicatos da China, *ACFTU Marks 80th Anniversary*, 2005.

[8] Zhan Lisheng, *Guangzhou: Hotbed for Rise of Unions Trade*, 2006.

[9] Mingwei Liu, "'Where There Are Workers, There Should Be Trade Unions': Union Organizing in the Era of Growing Informal Employment", *From Iron Rice Bowl to Informalization: Markets, Workers, and the State in a Changing China*, 2011, p. 157; Jenny Chan, Pun Ngai e Mark Selden, "Chinese Labor Protest and Trade Unions", *The Routledge Companion to Labor and Media*, 2016, p. 290-302; Anita Chan, *Walmart in China*, 2011.

[10] *Number of Grassroots Trade Unions by Region*, 2016; *Trade Union Members in Grassroots Trade Unions by Region (2016)*, 2017, p. 410-413.

## Organização sindical na Jasic

A Jasic Technology Company, fundada em 2005 e listada na Bolsa de Valores de Shenzhen em 2011, é bem conhecida como especialista na indústria de soldagem e uma das 500 principais empresas de Guangdong.[11] Fato menos conhecido é que a Jasic não chegou a estabelecer um sindicato desde a sua abertura, há 14 anos. Tudo indica que a gerência da Jasic há muito evita sua responsabilidade de facilitar aos trabalhadores de participarem de consultas coletivas sobre questões de salários, horário de trabalho, saúde e benefícios sociais. Apenas em maio de 2019 a empresa afirmou que começou a "estabelecer um sindicato de maneira ordenada". Óbvio que essa guinada foi uma resposta estratégica aos desafios trabalhistas, sem precedentes, vindos da base.

As lideranças dos trabalhadores da Jasic, com apoio e confiança dos colegas de trabalho, sem tardar juntaram 89 assinaturas, em uma fábrica de 1.000 funcionários, para o pedido de associação ao sindicato. Nesta altura, as autoridades retiraram seu "apoio verbal" inicial à sindicalização dos trabalhadores. Em lugar disso, reconheceram apenas a iniciativa da gerência, que também apresentou sua intenção de "estabelecer um sindicato de acordo com a lei". A relação entre a gerência da Jasic e o governo não poderia ser mais próxima, como revelou a dura luta operária por direitos sindicais na fábrica.

Reprimindo as iniciativas dos trabalhadores, no início de agosto de 2019, a Jasic assumiu o controle total da organização sindical. Os candidatos nomeados pelos operários foram todos excluídos do novo sindicato. Os trabalhadores, neste caso, não ganharam nenhuma concessão sobre seus salários e benefícios sociais. Pior ainda, acusados de "se sindicalizar ilegalmente", os organizadores acabaram demitidos e agredidos por agentes de segurança da empresa e pela polícia local. Yu Juncong, Liu Penghua, Mi Jiuping e Li Zhan foram acusados pelo crime de "criar uma aglomeração para perturbar a ordem social". Seus familiares e o advogado que os representa sofreram repetidas ameaças.

---

[11] *Jasic Technology's corporate history (2005-present)*, Jasic Technology.

Tim Pringle, ao avaliar o futuro das reformas sindicais chinesas à luz da crescente agitação dos trabalhadores, enfatiza a necessidade não apenas de "dirigentes e presidentes de sindicatos que respondam mais à base", mas também de "mais relações de apoio, mais interativas e, às vezes, executivas entre a cúpula das centrais sindicais e os dirigentes nos sindicatos de base".[12] Notável por sua ausência, Wang Dongming, presidente da Federação Sindical Chinesa, a partir da sede em Pequim, efetivamente endossou a perseguição e a retaliação da Jasic contra seus funcionários, em particular os que lutaram pela criação de um sindicato representativo.

## Relações de Trabalho Contenciosas

A luta trabalhista pelos direitos econômicos e políticos (exigindo, por exemplo, eleições sindicais), vem atraindo cada vez mais atenção do governo. Sob o presidente Xi Jinping, o Estado continua buscando mecanismos para resolver conflitos trabalhistas e administrar o descontentamento social. Diversas vezes, protestos de trabalhadores que chamam atenção do público são resolvidos através da mediação direta do governo para restaurar a "harmonia social". De fato, as autoridades desenvolveram habilmente uma ampla variedade de técnicas de "absorção de protestos", para resolver disputas trabalhistas no próprio local de trabalho. Isso inclui reduzir a expectativa "realista" de reivindicações por compensações, pressionar a gerência a fazer algumas concessões econômicas aos trabalhadores adversamente afetados e, ao mesmo tempo, manipular as relações familiares e sociais dos trabalhadores para silenciar a resistência. A solidariedade dos trabalhadores, com frequência, dissipa-se quando os líderes são intimidados, presos ou comprados.[13]

---

[12] Tim Pringle, *Trade Unions in China: The Challenge of Labour Unrest*, 2011, p. 162.
[13] Ver, por exemplo, Ching Kwan Lee, *Against the Law: Labor Protests in China's Rustbelt and Sunbelt*, 2007; Yang Su e Xin He, *Street as Courtroom: State Accommodation of Labor Protest in South China*, 2010, p. 84-157; Xi Chen, *Social Protest and Contentious Authoritarianism in China*, 2012; Yanhua Deng e Kevin J. O'Brien, *Relational Repression in China: Using Social Ties to Demobilize Protesters*, 2013, p. 533-552; Benjamin L. Liebman, *Legal Reform: China's Law-stability Paradox*, 2014, p. 96-109.

Após as greves, funcionários e executivos corporativos desenvolveram, em conjunto, ferramentas multifacetadas para monitorar as condições de trabalho, ou apenas para reprimir. Exemplo bem documentado ocorreu em uma montadora da Honda, no qual Kong Xianghong, vice-presidente da Federação dos Sindicatos de Guangdong, pessoalmente presidiu a eleição dos representantes sindicais de chão de fábrica em 2010 e a convenção coletiva sobre os salários, em 2011. Muitos trabalhadores ficaram frustrados, no entanto, quando o desmoralizado presidente do sindicato da fábrica permaneceu em seu lugar em um sindicato apenas em parte reformado, que inclui dois vice-presidentes "eleitos", que são gerentes do alto escalão, refletindo o contínuo controle gerencial. Além disso, embora a empresa tenha sido forçada a ceder na importante questão dos salários, sob pressão do sindicato provincial, em nome da restauração da "paz industrial", ela foi capaz de ignorar todas as outras cento e tantas reivindicações dos trabalhadores, incluindo direitos das mulheres e melhorias nos benefícios sociais (entre elas, licença maternidade remunerada e intervalo de uma hora para a refeição). Como consequência, o comitê sindical perdeu prestígio entre os trabalhadores da base.[14]

Ao "comprar estabilidade", distribuindo "pagamentos em dinheiro ou outros benefícios materiais em troca de conformidade", o governo minou uma reforma mais ampla, assim como o crescimento da mobilização dos trabalhadores que buscavam influenciar as políticas públicas[15]. Ao mesmo tempo, intensa coerção foi usada pelo Estado em disputas trabalhistas e agitação social. A intervenção de cima para baixo nos sistemas de litígio e arbitragem é lugar comum. Ao lidar com ações coletivas, os juízes insistem em registar os casos individualmente para fragmentar e isolar os autores das queixas.[16]

---

[14] Chris King-chi Chan e Elaine Sio-ieng Hui, *The Development of Collective Bargaining in China: From "Collective Bargaining by Riot" to "Party State-led Wage Bargaining"*, 2014, p. 221-242; Dave Lyddon, Xuebing Cao, Quan Meng e Jun Lu, *A Strike of "Unorganized" Workers in a Chinese Car Factory: The Nanhai Honda Events of 2010*, 2015, p. 134-152.

[15] Feng Chen e Xin Xu, *"Active Judiciary": Judicial Dismantling of Workers' Collective Action in China*, 2012, p. 87-107; Mary E. Gallagher, *Authoritarian Legality in China: Law, Workers, and the State*, 2017.

[16] Research Committee on Labour Movements, "Scholars Demand the Shenzhen Government Release Jasic Workers Arrested for Attempting to Unionize".

O uso extensivo, pelas autoridades chinesas, de seu poder discricionário para resolver grandes crises laborais, em vez de permitir que os trabalhadores exerçam direitos fundamentais à liberdade de associação, pode provar-se inviável enquanto estratégia política de longo prazo, sobretudo quando os direitos e interesses básicos dos trabalhadores são violados de forma rotineira.

## Aliança Operário-Estudantil

Durante o final do século XIX e início do século XX, estudantes e intelectuais tiveram um papel crítico no surgimento do movimento operário chinês. Hoje, em uma economia profundamente mercantilizada sob os auspícios do partido-Estado, os estudantes universitários e trabalhadores envolvidos na mobilização da Jasic também revelam elevada consciência social.

A partir de julho de 2019, acadêmicos[17] e ativistas, em uma ampla coalizão de organizações por direitos trabalhistas[18], peticionaram on-line o governo chinês pela soltura dos trabalhadores detidos da Jasic e seus apoiadores. Também observa-se concretamente, entre os estudantes da China continental, o surgimento de uma rede dinâmica, envolvendo mais de 20 universidades, em apoio aos trabalhadores da Jasic e seus familiares. O chamado Grupo de Apoio aos Trabalhadores da Jasic criou uma conta de e-mail (*jiashishengyuantuan@gmail.com*), uma plataforma de mídia social (*twitter.com/jasicworkers*) e um site (*jiashigrsyt.github.io/*) para mobilizar o apoio público, enquanto lutavam contra a censura e a vigilância na internet. Em uma foto, 42 jovens estudantes e recém-formados usam camisetas brancas com o slogan "A união faz a força" em vermelho.

Através da educação experiencial e em projetos de pesquisa social participativa, cada vez mais estudantes universitários

---

[17] Action Network, *Global Call on China to Release Arrested Workers, Activists, and Students in Jasic Struggle*, 2018.

[18] Pun Ngai, Yuan Shen, Yuhua Guo, Huilin Lu, Jenny Chan e Mark Selden, *Worker-intellectual Unity: Trans-Border Sociological Intervention in Foxconn*, 2014, p. 209-222.

passaram a conviver com trabalhadores mal remunerados da limpeza e das cantinas dos campi, operários da construção civil e mineiros com pneumoconiose fatal, camponeses despejados que perdem suas casas e terras e migrantes rurais que vivem nas margens das cidades. Alguns optaram por trabalhar na linha de montagem para entender melhor o processo transnacional por detrás da produção do iPhone.[19] Outros uniram-se para lançar um blog no estilo da campanha #MeToo, para compartilhar histórias de assédio sexual e outras formas de violência de gênero, na universidade e na sociedade em geral. Apesar das origens socioeconômicas diversas, os estudantes ativistas reuniram-se para refletir sobre as fontes das persistentes desigualdades e injustiças. Eles aspiram à igualdade, amor e liberdade. Leem e debatem as obras clássicas de Karl Marx, Vladimir Lênin, Mao Tsé-Tung e Lu Xun, entre muitos outros.

Após a repressão de 27 de julho, o Grupo de Apoio aos Trabalhadores da Jasic, composto por estudantes de várias universidades, dirigiu-se às autoridades, fazendo uma chamada aberta e conquistando as manchetes de jornais locais e internacionais: "Devolvam nossos camaradas; devolvam nossos operários!" Os estudantes publicaram blogs, fotos, vídeos e pôsteres para mobilizar apoio urgente à libertação dos operários ativistas e colegas de universidade. Em 24 de agosto, na cidade de Huizhou, perto de Shenzhen, a tropa de choque invadiu um apartamento alugado e prendeu cerca de 50 apoiadores da Jasic, incluindo estudantes e trabalhadores.

Yue Xin, 22, recém-formada na Universidade de Pequim em línguas estrangeiras, acabou desaparecida após a batida policial. Não há nenhuma notícia disponível sobre seu paradeiro até o momento.

Li Tong, cursando o último ano da faculdade e membro da Sociedade Marxista da Universidade de Nanquim, está em prisão domiciliar.

---

[19] Jenny Chan, *Shenzhen Jasic Technology: The Birth of a Worker-student Coalition in China?*, 2018.

Hu Hongfei, cursando o último ano da faculdade de jornalismo e membro da Sociedade Marxista da Universidade de Nanquim ficou em prisão domiciliar por 46 dias. Acabou solta, por sorte, em 11 de outubro, mas continuou monitorada de perto pela polícia. Mesmo sob grande pressão dos pais e de superiores da universidade, ela persiste, proclamando "emitir calor e luz, como um vaga-lume, que brilha no escuro".

Até agora, apoiadores tais como Gu Jiayue (formada pela Universidade de Pequim), Zhang Shengye (formado pela Universidade de Pequim), Wu Jiawei (diplomado pela Universidade Renmin), Xu Zhongliang (da Universidade de Ciência e Tecnologia de Pequim), Yang Shaoqiang (Universidade de Ciência e Tecnologia de Pequim), e outros não nomeados, foram detidos ou colocados em prisão domiciliar pelas "equipes abrangentes de administração social" dirigidas por autoridades em diferentes níveis.

Estudantes que foram "soltos" testemunharam ameaças de investigações e ações disciplinares, caso não abandonassem suas atividades. Suas liberdades, incluindo o uso do aplicativo de mensagens chinês WeChat e outras ferramentas de comunicação, foram significativamente restringidas.

## O ataque às Organizações Estudantis

Ao iniciar um novo semestre acadêmico em setembro, as autoridades da universidade analisaram os registros, composição e objetivos organizacionais das sociedades marxistas e grupos de estudos maoístas da Universidade de Pequim, Universidade de Ciência e Tecnologia de Pequim, Universidade Renmin e Universidade de Nanquim, para citar apenas algumas. A ampla varredura nas associações estudantis de esquerda mostra a intolerância das autoridades com a nascente aliança operário-estudantil, uma inegável força de mudança social progressista.

Qimin Xueshe, um grupo de estudos marxista existente há seis anos na Universidade de Ciência e Tecnologia de Pequim, estava prestes a fechar permanentemente a partir de 12 de outubro de 2019. A militância estudantil foi pressionada pelo comitê do partido na universidade a encerrar suas mobilizações. O resultado, no entanto, não será um silêncio mortal. Cerrando os punhos, um ativista estudantil garantiu que "o corpo" de *sua* organização poderia ser destruído pela cassação de registro nas mãos dos burocratas da universidade, sob as recém-alteradas "Regras de Administração das Sociedades Estudantis". Mas "o espírito" da busca por justiça social pelo grupo estudantil não morrerá.

## Repensando o Trabalho e os Sindicatos

"Realize o grande Sonho Chinês, construa uma sociedade harmônica", entoa um slogan do governo. A definição desse sonho e a determinação de quem pode reivindicá-lo são contestáveis. A evolução da consciência e da práxis dos trabalhadores chineses, com o crescente apoio dos estudantes, acadêmicos e ativistas por direitos trabalhistas no país e no exterior, são centrais para mapear o futuro da China em uma economia globalizante.

Os trabalhadores da Jasic enfrentaram todas as adversidades na luta por dignidade e direitos políticos. Eles inspiraram seus colegas e jovens estudantes a realizar ações em comum. Em 20 de outubro, a Escola de Relações Industriais e Trabalhistas (ILR, na sigla em inglês), da Universidade Cornell, suspendeu um programa de intercâmbio de longa duração com a Universidade Renmin, sediada em Pequim, para manifestar sua profunda preocupação com a flagrante repressão da universidade chinesa contra a participação dos estudantes nas campanhas de apoio aos trabalhadores da Jasic (e outras lutas trabalhistas e sociais), durante o verão de 2019. A punição severa aos estudantes perseguidos pela Universidade Renmin por um Estado obcecado por estabilidade "representou, na prática, violações bem graves da liberdade acadêmica", nas palavras de Eli Friedman, diretor de programas internacionais da ILR.[20]

---
[20] Elizabeth Redden, *Cutting Ties*, 2018.

Sem uma liderança sindical efetiva, os trabalhadores da Jasic e de outras empresas são obrigados a depender apenas de seus próprios esforços para lutar por compensações e benefícios econômicos, muitos dos quais estipulados em lei. São enormes as discrepâncias entre os direitos prometidos na legislação e os garantidos na prática. Os desafios do movimento trabalhista, que incluem a reconstrução e revitalização dos sindicatos de base, inevitavelmente enfrentarão uma mistura de táticas em todas as frentes envolvendo reconciliação e repressão, gerando incerteza e instabilidade.

# 3.
# Conjuntura política e greve operária[1]

Au Loong Yu[2]

---

[1] "The Jasic Struggle in China's Political Context", *New Politics*, inverno de 2019, v. XVII, n. 2, disponível em: https://newpol.org/issue_post/the-jasic-struggle-in-chinas-political-context/.

[2] Baseado em Hong Kong, Au Loong-Yu milita nas áreas de direito trabalhista e justiça social. É um dos fundadores do "Globalization Monitor", grupo que acompanha relações de trabalho na China. Seu livro *Hong Kong in Revolt - The protest movement and the future of China* foi publicado em 2021 pela Pluto Press.

O caso da fábrica Jasic, sobretudo nas relações que se formaram entre estudantes e operários, expressa desenvolvimentos importantes na política da China. No movimento democrático chinês de 1989, intelectuais e estudantes excluíram os trabalhadores desde o início. Após o seu fracasso, os intelectuais logo dividiram-se entre liberais e a Nova Esquerda, polarizados pela falsa dicotomia "Estado *versus* mercado". Intelectuais, mesmo tendo adotado a retórica da Nova Esquerda sobre "equidade", permaneceram indiferentes à situação dos trabalhadores. Alunos simplesmente recolheram-se aos seus estudos. Foi apenas nas greves dos trabalhadores do saneamento básico de Guangzhou, em 2009, que os operários começaram a receber algum apoio dos estudantes, majoritariamente enquanto indivíduos. Pequenos círculos de estudantes de esquerda começaram a debater e praticar *ronggong*, literalmente "misturar-se aos trabalhadores", isto é, empregar-se em fábricas ao formar-se e tentar organizar o local de trabalho. O papel dos estudantes que se identificam como maoístas tem sido essencial nesse desenvolvimento.

Na virada deste século, alguns veteranos maoístas no Norte do país tiveram papel importante articulando a resistência às privatizações das empresas estatais, considerando que os trabalhadores das estatais tinham um potencial mais revolucionário. Essa geração mais antiga de maoístas convidava ativistas migrantes rurais e estudantes para suas palestras e atividades, mas consideravam que os primeiros não tinham consciência política suficientemente avançada. Depois que os maoístas se fragmentaram em 2012, após um esforço fracassado em guinar o partido à esquerda, uma ala passou a adotar uma crítica mais direta à organização, argumentando que uma mudança qualitativa capitalista havia ocorrido. Tornaram-se mais explícitos ao apelar à resistência dos de baixo, mesmo que continuassem tentando ganhar os quadros de destaque do partido, invocando os princípios "socialistas", consagrados na Constituição ou no legado de Mao. Assim, a luta da Jasic representa uma nova geração de estudantes maoístas interessados nos operários, voltados desta vez aos trabalhadores migrantes rurais no Sul. Essa nova geração de jovens maoístas também mudou de tática, escolhendo uma resistência amplamente visível no apoio aos trabalhadores da Jasic, o que é muito incomum, dada a situação política hiper repressiva na China. Durante o auge da campanha da Jasic, velhos e jovens maoístas carregavam fotos do presidente Mao e pediam apoio "pelo bem do despertar da classe operária, pelo bem do presidente Mao!".[3] Outro apoiador maoísta publicou um artigo: "Para onde foi Jinggangshan? Sobre a luta da Jasic e o ressurgimento revolucionário"[4], ligando a batalha da Jasic a Jinggangshan, a montanha onde Mao estabeleceu sua primeira base guerrilheira em 1927. Embora a intensificação da luta na Jasic, que passou da mobilização por uma representação sindical a um enfrentamento político às autoridades locais, tenha sido descrita por alguns como um indicativo da transformação política da consciência dos trabalhadores chineses, esta afirmação parece demasiado ousada. Também é duvidoso que fazer uma comparação direta entre Jinggangshan, símbolo da guerra de guerrilha, e os trabalhadores da Jasic seja de fato útil para sua luta.

Embora os maoístas tenham acumulado muita experiência ao Norte, no apoio aos direitos dos operários das empresas estatais, sem mudanças substanciais, suas experiências não podem ser aplicadas, de forma automática, às empresas privadas do Sul. Quando as empresas estatais foram submetidas à privatização, os trabalhadores às vezes confrontavam as autoridades locais corruptas, pois eram os criminosos diretamente responsáveis pelo roubo de propriedade

---

[3] *Wu Jingtang – benfu shenzhen pingshan! Weile gongrenjieji de juexing, weile Maozhuxi!* (Wu Jingtang - Corra para Shenzhen Pingshan! Pelo bem do despertar da classe trabalhadora, pelo bem do presidente Mao!).

[4] Blog, "Jinggangshan jinhezai?", 2018.

pública. Portanto, as ações dos trabalhadores em geral começavam com resistência política invocando o *ethos* revolucionário do Partido Comunista Chinês (PCCh), como base espiritual. Isso era natural e às vezes até útil. Mas nas empresas privadas do Sul é diferente. O conflito dá-se, sobretudo, entre os empregados e os empregadores. Além disso, é menos provável que o *ethos* revolucionário do PCCh tenha repercussão com os trabalhadores migrantes; portanto, se as ações evoluem para resistência política, é menos provável que esses trabalhadores estejam motivados. Com certeza, no caso da Jasic, como em muitos outros, quando o governo local reprimiu os trabalhadores, a luta poderia potencialmente ter se tornado política. Mas, para ela se intensificar, foi preciso também perguntar se os trabalhadores estavam mesmo preparados para um confronto político. As experiências já nos demonstraram que não estavam.

 O Estado não deu nenhuma atenção ao apelo dos maoístas ao princípio "socialista" ou a Mao. Embora Xi Jinping siga exigindo que as pessoas aprendam com o marxismo-leninismo e o pensamento de Mao, o Estado continua a reprimir qualquer empenho independente ou coletivo de estudar seriamente os clássicos da esquerda – e as reprime ainda mais quando esses esforços têm uma aspiração de simpatizar com os trabalhadores. Isso não deveria nos surpreender. Em 2004, a polícia de Zhengzhou prendeu e acusou os maoístas locais que tentavam se reunir para prestar homenagem a Mao. O site maoísta *Red China* havia colocado suas esperanças em uma virada à esquerda no PCCh, liderada por Bo Xilai. Minqi Li, um intelectual chinês que hoje vive e dá aulas nos EUA, sendo também um dos formuladores do *Red China*, argumenta, em seu livro, que Bo representou "a última facção significativa que se opunha ao capitalismo neoliberal". E que, "ao expurgar Bo Xilai do partido, a liderança do Partido Comunista pode ter renunciado a sua última e melhor oportunidade de resolver as contradições econômicas e sociais que estão em rápida ascensão na China de uma maneira relativamente pacífica".[5]

---

[5] Minqi Li, *China and the 21st Century Crisis*, 2016, p. 38 e 183.

## Os "sociais-democratas"

Cerca de três anos atrás, trabalhistas liberais de esquerda sofreram semelhante repressão. Em 3 de dezembro de 2015, o Estado prendeu oito ativistas de quatro grupos trabalhistas e depois processou e condenou quatro deles. Isso, para conter a campanha por convenções coletivas de trabalho, um esforço apoiado pelo *China Labour Bulletin*, ONG de Hong Kong fundada por Han Dongfang, um dos líderes operários do movimento democrático de 1989. Naquele ano, também houve a prisão de mais de cem advogados pelo "crime" de defender legalmente dissidentes processados.

Com o enorme crescimento no número de trabalhadores migrantes rurais e suas greves espontâneas desde 2000, surgiu uma nova corrente liberal. Além de reivindicar o constitucionalismo e as liberdades civis, eles começaram a apoiar os trabalhadores migrantes rurais a reivindicar os três direitos trabalhistas básicos (os direitos à liberdade de associação e à greve, bem como à convenção coletiva). Do ponto de vista trabalhista, trata-se de um passo à frente. Um de seus principais autores era Wang Jiangsong. Ele, em conjunto com Han, descreviam-se como "sociais-democratas", termo que deve ser tratado com cuidado no contexto da China, por razões explicadas mais tarde. Ele criticou os capitalistas por serem "muito dependentes (dos funcionários do partido)", "nunca ousando lutar por seus direitos civis e só interessados em subornar funcionários, de forma ativa ou passiva". Ele faz um contraste com a capacidade dos trabalhadores migrantes rurais, entendidos como a nova classe trabalhadora, em organizarem-se democraticamente para lutar por seus direitos.[6]

Os sociais-democratas, no entanto, não apoiaram a luta anterior dos trabalhadores contra a privatização das empresas estatais – ou, no máximo, limitaram-se a pedir uma compensação melhor –, algo que os maoístas nunca perdoaram nem esqueceram. Ao contrário dos maoístas, eles opunham-se à "tradição socialista" da revolução de 1949, e viam os trabalhadores das empresas estatais

---

[6] Weishen Yao Zhijing he Xuexi Lide Gongren (Por que precisamos aprender com os trabalhadores da Lide e respeitá-los).

como privilegiados e conservadores. Por outro lado, os trabalhadores migrantes rurais, que não compartilham da consciência política dos trabalhadores das estatais, agora são considerados pelos sociais-democratas como superexplorados e como novos portadores da transformação social, embora anteriormente os sociais-democratas ou liberais em geral tendiam a considerar os líderes de dentro do partido, como o ex-primeiro-ministro Wen Jiabao, como os agentes de mudança.

Han Dongfang há muito abandonou sua posição anterior de fazer campanha por sindicatos independentes e argumenta, em vez disso, a favor de uma reforma na Federação de Sindicatos da China (FSC). Em 2013, Han viu o discurso de Xi Jinping pela reforma da FSC como um sinal de uma verdadeira mudança pró-operária. Em março de 2015, Wang Jiangsong iniciou uma campanha por convenções coletivas, sendo apoiado por 15 ONGs trabalhistas e cem indivíduos. Essa campanha também obteve respaldo do *China Labour Bulletin*, e ajudou a disseminar a ideia de convenções coletivas entre os trabalhadores. No entanto, em junho do mesmo ano, Han falou na Comissão de Relações Exteriores da Câmara dos Deputados dos EUA, tranquilizando a plateia de que "o Presidente Xi estava indo na direção certa com sua muito importante Decisão do Terceiro Pleno de 2013". Ele observou: "Não é do interesse do PCCh reprimir a sociedade civil" e "Esta é a primeira vez na história da China moderna em que os interesses do PCCh e dos trabalhadores estão total e beneficamente alinhados". Para ajudar o PCCh a seguir nessa direção, Han disse que estava preparado para "despolitizar uma questão trabalhista excessivamente politizada, mirando a convenção coletiva no local de trabalho, em vez da liberdade de associação".[7] No entanto, o Estado respondeu à boa vontade de Han com detenções e prisões em 2015-2016. Além disso, em menos de um ano, o Estado atacou de novo – e desta vez as vítimas eram os maoístas. Por uma dessas ironias, tanto os sociais-democratas quanto os maoístas alimentaram esperanças no partido.

---

[7] "China's Rise: The Strategic Impact of Its Economic and Military Growth", *U.S. Government Publishing Office*, 2015.

Os primeiros contando com a ala "liberal" do PCCh, enquanto os últimos apelaram para os líderes partidários que ainda estão comprometidos com a "tradição socialista", mas ambos receberam o mesmo tratamento do Estado.

É importante advogar pela convenção coletiva ou a organização de sindicatos no local de trabalho, mas é problemático vincular esses esforços à ideia de apoiar esta ou aquela ala dos líderes do partido e fazer concessões políticas a eles. É hora de parar de nutrir a ilusão de autorreforma do partido. Isso simplesmente levará os trabalhadores a cair nas mãos da luta de facções na alta cúpula, deixando-os sem nada, exceto mais repressão e desesperança. Em vez de autorreforma, o PCCh está evoluindo para um regime "totalitário" (um termo discutível, sem dúvida) que agora tenta fazer lavagem cerebral na população, ao ponto em que não apenas todos os dissidentes em potencial sejam reprimidos, mas também que todos devam pensar da mesma forma que Xi.

Apenas uma resistência unida dos trabalhadores pode parar essa insanidade. Exatamente como conseguir isso é, sem dúvida, uma grande questão e não há uma resposta fácil e disponível. A crescente repressão também sugere que o regime de Xi é muito mais cruel do que seus antecessores, e portanto os canais legais existentes para ação coletiva também estão se fechando. Nesse estágio, porém, podemos pelo menos preservar nossas forças tanto quanto possível e não nos envolvermos em confrontos sem perspectivas. Chegará o momento de uma ofensiva, mas não é agora. Em segundo lugar, diante da repressão, devemos tentar forjar uma frente unida entre os grupos trabalhistas e nos apoiarmos mutuamente. Isso é possível através do debate público: apesar da repressão, a discussão on-line é sempre acalorada entre os ativistas na China continental, já que todas as correntes trabalhistas têm sites dentro e fora do país.

## Maoístas contra sociais-democratas

É triste rever os últimos vinte anos da história intelectual da China. Tanto os liberais quanto a Nova Esquerda trataram um ao outro como o principal inimigo, enquanto ambos os lados prometeram lealdade ao unipartidarismo, a fim de manter vínculos com as duas principais facções dominantes. Quando os maoístas de Zhengzhou foram reprimidos em 2004, alguns liberais abandonaram seu compromisso com a liberdade de expressão e permaneceram em silêncio, implicando apoio tácito às prisões. Em 2008, a Nova Esquerda e os maoístas aplaudiram a condenação de Liu Xiaobo, o ganhador do Prêmio Nobel da Paz. Esses são apenas os casos mais famosos de intolerância de ambas as correntes.

Nos últimos anos, essa hostilidade entre os dois lados diminuiu um pouco, pois ambos estão enfrentando cada vez mais repressão. A ascensão dos sociais-democratas na China, que também são levemente críticos dos liberais de direita, estabeleceu um terreno comum para todas as correntes do movimento lutarem por direitos civis e trabalhistas básicos. No entanto, quando o Estado reprimiu a ONG que apoiava a campanha de Wang por direitos trabalhistas em 2015, os maoístas expressaram solidariedade junto a eles. Minqi Li reconheceu a necessidade de direitos trabalhistas básicos e acrescentou que eles estão longe de serem suficientes (o que é verdade), e que também é necessária uma luta de classes para restabelecer a propriedade pública (o que é desejável). Enquanto Minqi Li debate o futuro observando que "quando a hora do clímax no movimento operário chegar", a luta de classes necessariamente se intensificará a um ponto em que a colaboração de classes e até as convenções coletivas serão impossíveis, ele desafia Wang, perguntando: "De que lado você estará quando chegar a hora?"[8] Mas devemos perguntar também sobre o presente, quando o Estado está implacavelmente perseguindo todos.

Uma transformação socialista na China, ao menos sob uma perspectiva de esquerda, é decerto desejável. Mas um debate sobre programa e estratégia de classe, por mais necessário que seja, não deve ser contraposto à luta comum por direitos civis básicos hoje. Sem esses direitos, é muito difícil que greves espontâneas

---

[8] *Dang Gongren Yundong Gaochao Lailinshi, 'Laogongjie' Hequhecong?* (Quando o clímax do movimento dos trabalhadores chegar, para onde deve ir o trabalho?).

se transformem em lutas organizadas, muito menos que ocorra uma "transformação socialista", em especial quando o controle do governo é tão forte que torna a atuação clandestina muito difícil, se não impossível, na maioria das situações. A verdade inconveniente é que, muito antes da chegada do "clímax do movimento trabalhista", poderemos já estar todos esmagados pelo Estado.

Há indícios de que os sociais-democratas chineses estão mais dispostos a expressar solidariedade aos maoístas. O *China Labour Bulletin*, por exemplo, endossou a declaração de solidariedade – preparada por outros grupos trabalhistas de Hong Kong – aos maoístas da Jasic. Esses grupos de Hong Kong estão ligeiramente à esquerda de Han Dongfang, já que têm menos ilusões em uma autorreforma do PCCh sob Xi. Apesar das diferenças ideológicas com os maoístas, eles também manifestaram apoio à luta da Jasic, em parte por se concentrarem no trabalho prático e não no debate teórico.

## Os Marxistas Revolucionários

Além das duas principais correntes descritas acima, existe, desde a virada do século, uma pequena corrente de Marxistas Revolucionários (MR). Os MR com frequência recorrem a Trotsky, não a Mao, como seu principal ponto de referência teórico. Como Minqi Li coloca, além da facção "marxista-leninista-maoísta", existe agora uma facção "marxista-leninista-trotskista". Os MR não podem ser comparados em influência aos sociais-democratas e maoístas, que têm fortes conexões com as instituições e o *establishment* e, portanto, desfrutam de muito mais recursos. Os MR são, na melhor das hipóteses, uma composição de indivíduos e alguns pequenos grupos com poucos recursos e conexões. Além disso, as autoridades os veem como ainda mais suspeitos do que as outras duas correntes. Portanto, eles permanecem muito discretos, senão totalmente clandestinos ou escondidos em ONGs e organizações semelhantes.

Alguns membros dos MR têm tido contribuições importantes, introduzindo escritos de marxistas europeus e atuando em direitos trabalhistas. Os integrantes mais visíveis dos MR, em geral, são os ativos na Internet (e em reuniões privadas). Seus debates com os maoístas sobre o caráter do regime chinês pressionaram o último a responder a essa questão importante e, assim, contribuíram para um processo de reflexão na esquerda. Decerto eles também estavam no primeiro grupo da esquerda a começar a debater sobre *ronggong*, ou estudantes que vão trabalhar em fábricas. Alguns membros dos MR, no entanto, às vezes curiosamente ecoam uma tendência maoísta de negar, no estágio atual, a natureza progressiva das lutas por liberdades civis. Criticam sociais-democratas como Wang Jiangsong, caracterizando-o de "reformista" (o que é verdade), mas tratando-o como o principal inimigo (o que é problemático).

Precisamos, em suma, substituir a ideia de autorreforma da camarilha governante pela convicção do despertar das massas trabalhadoras. Para realizar tal tarefa, é importante que as correntes do movimento operário entendam que uma luta comum para obter direitos civis e trabalhistas básicos é fundamental para um futuro dos trabalhadores, e que as divergências ideológicas não retardam essa luta. No fim das contas, em vez de tratarmos os "-ismos" como dogmas ou, pior ainda, como novas religiões, o movimento deve tratá-los como suas hipóteses de trabalho na luta prática contra um novo regime totalitário.

# 4.
# Debatendo o "Movimento Jasic"[1]

Pun Ngai[2]

---

[1] 'Jasic Movement' Debate – Pun Ngai's response to criticism: 'Don't let them sacrifice in vain, *Gongchao*, 17 jan. 2020, disponível em: https://www.gongchao.org/2020/01/17/jasic-movement-pun-ngais-response-to-criticism/.

[2] Professora do Departamento de Ciências Sociais da Universidade de Ciência e Tecnologia de Hong Kong, Pun Ngai realiza pesquisa em gênero e trabalho, globalização, China continental e Hong Kong. Seu livro de 2005, *Made in China: Woman Factory Workers in the Global Workplace*, é referência nos estudos sobre a classe trabalhadora e gênero no leste asiático.

*Reignite: Professora Pun Ngai, esta entrevista é motivada pela onda de críticas contra você e o "Movimento Jasic" desde as prisões de ativistas de ONGs trabalhistas. Na verdade, essas críticas começaram a aparecer no verão de 2018, pouco depois do início do movimento.*

*Essas falas vêm de um amplo espectro político. Algumas não apoiaram os participantes do movimento desde o seu início, ou seja, pessoas de fora dos círculos de esquerda da China continental. Eles acusam-na de ser irresponsável e de fechar os olhos para o sacrifício feito por outros, porque acham que você forçou a radicalização do movimento, arrastando consigo muitos estudantes. Há também críticos trotskistas, como Qiu Huo[3] e Au Loong-yu.[4] Suas ponderações são, sobretudo, a respeito da estratégia da luta e a análise da situação atual. Eles tiram suas conclusões da crítica histórica dos trotskistas em relação ao voluntarismo maoísta. Outro ponto do fórum on-line "China Vermelha", partindo da atual conjuntura na China, avalia como arriscada a rota tomada por todo o movimento.*

*As críticas de amplas e variadas origens são direcionadas tanto ao movimento quanto a você mesma. Qual é a sua resposta a elas? Também gostaríamos que respondesse às críticas dos círculos de esquerda da China continental contra o "Movimento Jasic". Essas são algumas das questões que esta entrevista gostaria que você abordasse, as acusações de que: 1) você aproveitou o movimento para construir sua carreira acadêmica; 2) você negligenciou a segurança de seus alunos enquanto os dirigia de uma distância segura de Hong Kong; 3) você e seus alunos tomaram atitudes sem um planejamento cuidadoso; e 4) dentro de um curto período você expôs o movimento e deu a ele uma posição de destaque.*

---

[3] 佳士斗争事件声援者需要调整策略重新发展广泛社会舆论打一场工运活动保卫战, 2018.
[4] 做煙花 還是做鴨子——論佳士工潮, 2018.

*Primeiro, vamos falar sobre as dúvidas que algumas pessoas têm em relação à sua conexão com o "Movimento Jasic". Essa crítica vem principalmente de pessoas com posições bastante liberais assim como de um grupo menor na esquerda. Eles acusam você de se aproveitar dos movimentos operário e estudantil para sua carreira acadêmica.*

**Pun Ngai:** Existem muitas outras críticas as quais estou mais disposta a responder. Essa primeira que você mencionou, em particular, é ofensiva. Se alguém pudesse se aproveitar do "Movimento Jasic", por que eu seria a única a fazê-lo? Por que ninguém dos círculos intelectuais e ativistas chineses saiu em apoio ao movimento?

**R:** *Junto à acusação de que você se aproveita do movimento, está a crítica de você não ter uma conexão profunda ou preocupações sérias em relação a ele. Na prática você está controlando os estudantes ou tentando jogar lenha na fogueira. Você poderia, por favor, nos explicar sua relação com o "movimento Jasic"?*

**PN:** Vamos, primeiro, olhar minha história pessoal. Comecei a pesquisar questões trabalhistas há vinte anos. Depois de ler meus livros e ouvir minhas palestras, alguns estudantes começaram a participar da defesa dos direitos dos trabalhadores. Por um lado, devemos reconhecer a subjetividade dos envolvidos no movimento. Ao mesmo tempo, apoiei o movimento deles porque concordei com a direção. Também coloquei-me em uma posição politicamente arriscada dando meu apoio quando, no início, ninguém o fez.

**R:** *Como você acabou de mencionar, se este movimento poderia ter sido aproveitado por outras pessoas, então questiona-se o porquê de mais ninguém tentar se aproveitar dele. Apoiá-lo poderia também ser perigoso politicamente. Quais os riscos políticos que você enfrenta?*

**PN:** A Lei de Extradição é hoje um tema em alta em Hong Kong. Se for aprovada, os riscos políticos que enfrentamos são óbvios. Com a Lei de Extradição, eu já não estaria mais segura em Hong Kong.

**R:** *Para muitas pessoas, por ser uma acadêmica conhecida, você tem muitos privilégios. Esses privilégios podem protegê-la de riscos políticos que existem na universidade e na sociedade.*

**PN:** Devo admitir que a universidade é um espaço relativamente seguro. Tem mais recursos. É uma plataforma com condições adequadas para expressar opiniões. Se pudermos fazer uso da plataforma e dos recursos, devemos assumir uma posição e fazer o que acreditamos ser importante. Progredi na carreira acadêmica através de esforços coletivos e individuais. Ao mesmo tempo, sirvo ao movimento, instrumentalizando minha posição. Também gostaria que posições como essas fossem mais abertas e pudessem ser usadas por mais pessoas com esse intuito. Me considero uma intelectual chinesa e acredito que minhas conquistas acadêmicas devem servir à sociedade. Se meu único objetivo com todo o tempo que gastei escrevendo artigos fosse tornar-me uma pesquisadora conhecida, o trabalho não teria muito sentido...

**R:** *Isso quer dizer que o capital que você já acumulou na universidade não foi para si mesma, mas voltado às coisas que deseja fazer? Ou podemos dizer que, na prática, você não estava interessada em conquistar este capital, mas ele lhe foi entregue pelas estruturas universitárias? Qual o significado da sua posição na universidade em relação ao seu papel no movimento?*

**PN:** Uma posição na universidade corresponde ao que Gramsci chamou de "guerra de posição". No contexto de uma "frente popular" ou "linha de massas", as possibilidades e atividades de cada posição devem ser maximizadas. Mas entre todas as frentes de batalha, acho que a universidade é, na maioria dos casos, a menos importante. Por causa da estrutura das universidades, facilmente ficamos afastados do trabalho concreto na linha de frente e tendemos a usar teorias como guia, em vez de tirar experiências e promover movimentos a partir dos obstáculos da vida real que os movimentos enfrentam. Portanto, me identifico mais com o método do materialismo dialético – a ideia de "partir das massas, para as massas". Óbvio que o ideal seria servir às pessoas diretamente de dentro das massas. Infelizmente, não fui capaz de fazer isso e ainda estou presa na torre de marfim. Sempre me senti incomodada por causa disso.

*R: Em seus artigos, e em uma palestra em abril de 2019, em Nova York, na Universidade de Cornell, você mencionou que o "Movimento Jasic" é um movimento maoísta. Vimos algumas críticas acusando-a de impor sua própria posição aos alunos ao enquadrá-lo dessa maneira.*

PN: No começo, a mídia podia, de fato, não entender por que os estudantes do "Movimento Jasic" teriam se tornado maoístas. Eles não compreendiam esse fenômeno, então não queriam rotulá-los como maoístas em suas reportagens. Por isso, a mídia e os leitores não tinham como entender esse movimento. O que fiz e disse foi esclarecer e explicar a situação dos estudantes na imprensa, também não queria deixá-los ocultar que os estudantes eram maoístas. Desde o início, os estudantes ergueram cartazes com o pensamento de Mao Tsé-Tung, mas a mídia continuava me fazendo perguntas como: por que eles são maoístas, como entender suas posições maoístas, se essas faixas não eram apenas uma tática etc. A princípio, a mídia só conseguia ver os cartazes do pensamento de Mao Tsé-Tung como algum tipo de tática que usava a história revolucionária do Partido Comunista como um escudo protetor. No entanto, os estudantes continuavam reivindicando-se maoístas, e ficou claro que aquilo não era apenas uma tática. Portanto, expliquei à imprensa que o método deles não era apenas uma tática, mas uma firme convicção.

Minha compreensão da convicção deles é que eles adotaram o pensamento marxista em suas Sociedades Marxistas lendo "O Capital" e outros textos durante o período em que estavam na universidade. Depois de entrar nas fábricas e conviver com os trabalhadores, tornaram-se genuinamente maoístas. Isso ocorre porque os recursos culturais e revolucionários na China usam amplamente a linguagem de Mao, e a linguagem de Mao é a linguagem das massas, uma linguagem que os trabalhadores conseguem digerir e absorver de maneira rápida. Isso faz parte da história revolucionária da China, e você não pode ignorar a história quando olha para as escolhas dos estudantes e do movimento dos trabalhadores. A mídia e a maioria dos estudiosos não trataram do fenômeno da atividade maoísta dos estudantes, e eu forneci informações e análises. Na conferência organizada pela Universidade Cornell, propus três grandes retornos: primeiro, um retorno ao comunismo, porque esse movimento é o primeiro nos últimos anos com um objetivo claro além da mera defesa de direitos (*weiquan*), com propostas e demandas comunistas; segundo, um retorno à conexão de trabalhadores e estudantes que remonta à história do Movimento 4 de Maio de cem anos atrás; terceiro, um retorno às linhas de massas de Mao Tsé-Tung.

Com base nos pontos de vista dos estudantes e na análise do movimento, propus um debate sobre o caso da Jasic. É claro que reconheci o ponto de vista deles e a direção que o movimento estava tomando. Ainda que existisse em relação à tática muitos pontos a serem questionados, a linha da direção era firme e inovadora. Portanto, enquanto professora, tive que continuar a me pronunciar, por um lado, em apoio aos estudantes, e, ao mesmo tempo, mesmo entendendo a direção que eles decidiram adotar, sustentei uma perspectiva de esquerda em torno das exigências de longo prazo do movimento.

*R: Alguns críticos têm opiniões diferentes sobre a questão de você se aproveitar do movimento. Eles acham que você expressou seu apoio porque está em Hong Kong e não tem que enfrentar riscos graves. Ao mesmo tempo, seu apoio público coloca os estudantes do continente em risco de serem presos. Você já considerou o possível risco aos alunos?*

PN: Minha opinião é que, se eu estivesse em Hong Kong e não expressasse meu apoio, ninguém mais expressaria seu apoio ao movimento. Além disso, como mencionei, não é verdade que não haja riscos políticos em Hong Kong. Estudantes e trabalhadores usaram o Twitter e o site do grupo de apoio à Jasic para expressar suas opiniões. No entanto, acadêmicos, ONGs e a comunidade artística do continente ficou em silêncio. Quase não houve apoio público. Além disso, se eu pudesse comentar só sobre as questões de Hong Kong, estando em Hong Kong, e sobre as do continente no continente, não seria uma posição internacionalista, seria até mesmo uma posição similar à dos separatistas, ou seja, as pessoas que desejam a separação de Hong Kong do continente.

Com relação aos riscos enfrentados pelos estudantes, meus artigos foram sempre em resposta a algum evento em particular, como prisões; em momento algum apareci repentinamente quando nada havia acontecido para dizer: "Eles estão fazendo um bom trabalho e precisam continuar". Toda as vezes em que me pronunciei foi após alguém ser preso. Desde o início, os estudantes da Jasic pediram mais solidariedade. Eles tinham esperança de que os acadêmicos e as diferentes correntes da esquerda não-estatal chinesa e estrangeira expressassem seu apoio. Pensavam que, se mostrassem o cartaz de Mao Tsé-Tung, muitos acadêmicos e a esquerda não-estatal os apoiariam, mas, no fim, poucas pessoas o fizeram. Houve algum respaldo da esquerda não-estatal, mas muitos o retiraram pouco depois. Os estudantes continuaram a pedir apoio; então, enquanto enfrentavam os riscos, pensavam sobre eles, se preparavam e exigiam ativamente que outras pessoas os apoiassem. Infelizmente, quando os estudantes foram presos, a esquerda em geral mudou de linha frente às novas circunstâncias e deixou de apoiá-los ou de falar em sua defesa. No final, os estudantes ficaram isolados. Não suportei vê-los se sacrificando em vão por seus ideais e pelo movimento e, por isso, jogando tudo para o alto.

Respondendo sua pergunta de forma bastante emocional: nesse momento, quando penso no movimento e em seu papel, sempre me lembro da música do cantor e compositor taiwanês Lo Ta-yu, "Órfãos da Ásia"[5]:

---

[5] Karoline Kan, *Friday Song: The Orphan of Asia, by the "idols" idol* Lo Ta-yu, 2018. Baseado na poesia da resistência anticolonial taiwanesa durante a ocupação da ilha pelo Japão (1895-1945), Órfãos da

> O órfão da Ásia está chorando ao vento.
> Em seu rosto amarelo há lama vermelha.
> Em seus olhos negros, há terror branco.
> O vento ocidental canta uma canção triste no leste.
>
> O órfão da Ásia está chorando ao vento.
> Ninguém quer jogar um jogo justo com você
> Todos querem pegar seus brinquedos favoritos,
> Minha criança, por que você está chorando?
>
> Tantas pessoas estão tentando resolver os enigmas,
> E tantas pessoas suspiram à meia-noite;
> Tantas pessoas enxugando suas lágrimas em silêncio,
> Querida mãe, que verdade é esta?

*R: Muitas das críticas ao "Movimento Jasic" são direcionadas às táticas e ações prematuras do movimento. Elas referem-se, sobretudo, às ações de grande visibilidade e falta de contenção de danos enquanto o movimento era reprimido com dureza. Por exemplo, depois de alguns trabalhadores serem soltos no verão de 2019, a resistência parecia fazer cada vez mais barulho. Esse comportamento levou à prisão de outros ativistas. Algumas dessas críticas direcionam-se a você, uma vez que, ao invés de conter danos e ações inocentes e prematuras, você se juntou a elas.*

PN: As primeiras tentativas da esquerda em relação à Jasic não tiveram sucesso algum, resultando em um final trágico. Isto foi apenas por conta da ação prematura dos estudantes? Ou foi resultado da atitude consumista das pessoas no entorno do movimento? Além do mais, o comportamento oportunista das celebridades de esquerda no continente, ou a resposta negativa de algumas das organizações estudantis de esquerda não devem ser responsabilizados? O poder de mobilização da esquerda não-estatal não foi forte o suficiente para

---

Ásia, assim como outras canções de Lo Ta-yu, marcaram o movimento de redemocratização da ilha ocorrida entre o final dos anos 1980 e início dos anos 1990. [Nota Editorial]

atrair trabalhadores e estudantes, o que os deixou isolados, apenas aguardando serem presos. Obviamente, a inexperiência dos estudantes e a superestimação do apoio da esquerda não-estatal também os levou ao fracasso. Mesmo assim, eles não carregam a maior parte dessa responsabilidade, ao contrário daqueles que se diziam de esquerda, mas que fecharam os olhos.

Nunca me vi como guia espiritual ou guia revolucionária do movimento, mas sim como uma leal apoiadora e professora solidária. Porém, isso não significa que eu não tenha críticas ou autorreflexão em relação à sua atual situação. Para resumir minhas críticas, acho que existem aquelas relacionadas aos objetivos e às táticas, assim como a questão da democracia interna no movimento. Se você enxerga o objetivo como sendo apenas o da organização sindical na fábrica ou de impedir a prisão de diversos trabalhadores, então ele não precisaria ter sido politizado, nem toda uma rede estudantil ser sacrificada. Mesmo assim, se o movimento já foi contido e derrotado em todas as linhas de frente, então – como objetivo de longo prazo – deveríamos, a nível estratégico, transformar o sacrifício dos trabalhadores e estudantes em um discurso da esquerda sobre a cooperação operário-estudantil. Deveríamos disseminar informações sobre esse movimento através da mídia internacional, entre apoiadores internacionais e em inúmeros debates. Nesse sentido, "Jasic" vem sendo um sucesso, pois é conhecida como um movimento de esquerda na China continental e internacionalmente. No entanto, o preço pago foi alto.

*R: Segundo os críticos, mesmo que só tenha manifestado apoio após as prisões dos ativistas, você propunha uma direção mais ampla ou mais radical. Você poderia explicar suas considerações ao formular o discurso sobre o movimento?*

PN: De fato, levantei a questão mais ampla da direção do movimento quando expressei meu apoio, mas isso não se associa diretamente à repressão contínua da mobilização e seus participantes. O que fiz foi aumentar a relevância do movimento, sublinhar temas de sua tendência geral à esquerda e o sentido da cooperação operário-estudantil. Essa direção geral fortaleceu a legitimidade das ações dos estudantes na época. Pode-se dizer que os estudantes do continente deveriam ter manifestado seu apoio e se preparado a pagar o preço por isso. Não porque eu era a líder ou porque tivesse qualquer impacto particular. É claro que não ignorei ou violei as intenções do movimento quando manifestei meu apoio.

Se os estudantes estavam agindo ou não de forma prematura, depende da avaliação da mobilização. Hoje, muitos são pessimistas e acham que o movimento sofreu uma perda desastrosa e não conquistou nada por causa do grande número de estudantes presos, da supressão da rede de Sociedades Marxistas e das prisões de ativistas progressistas de ONGs trabalhistas e outros. Eu acho que o Jasic foi um movimento imaturo, mas muito importante. Durante o processo, trabalhadores e estudantes receberam treinamento completo, mas tiveram que pagar um preço. Os estudantes tiveram muitas chances de evitar danos, mas não se tornaram oportunistas como alguns outros. Em vez disso, eles conscientemente consideraram tudo o que podiam fazer e politizaram o movimento em agosto e nos meses seguintes de 2018. Eles reivindicaram, de forma aberta, a bandeira da cooperação de esquerda entre trabalhadores e estudantes e prepararam ideologicamente o próximo estágio da luta.

*R: Uma crítica recente é que você não só continua se pronunciando sobre o movimento, mas também associa seu desenvolvimento aos eventos de 4 de Maio de 1919 e 4 de Junho de 1989. Isso é dar mais um passo na politização da Jasic, aumentando ainda mais os riscos. Esses críticos lembram que você se manifestou após cada prisão, mas que isso só levou a mais prisões. Na situação atual, o que te motivou a vincular Jasic ao 4 de Maio e 4 de Junho?*

PN: Durante os últimos vinte e trinta anos, muitos batalharam para avançar os direitos dos trabalhadores, porém infelizmente com pouco sucesso. Antes de 2015, as ONGs trabalhistas tinham alguma capacidade de intervir em casos individuais e ações coletivas.

No entanto, depois da repressão de 2015, sobrou pouco espaço para esse tipo de intervenção. Por isso, a maioria dessas ONGs passou a trabalhar em questões de mulheres ou crianças. Não estou dizendo que elas não são importantes, mas muitas das questões dos trabalhadores ainda não foram resolvidas. Essa guinada não refletia a realidade nas fábricas frente à evolução do confronto capital-trabalho e dos incidentes coletivos. Recentemente, a rivalidade entre a China e os EUA se aprofundou, o que tornou a situação dos trabalhadores ainda mais difícil, intensificando os conflitos de classe. No entanto, não houve solução adequada para esses problemas.

Era necessário, após 2015, que alguma força buscasse uma alternativa. Nesse contexto, os estudantes do movimento Jasic adotaram meios radicais. Com os estudantes das Sociedades Marxistas encabeçando a ação exemplar, escolheram entrar nas fábricas e seguir uma linha de massas. Essa também é a forma maoísta de autotransformação. Esse movimento não pode ser associado ao 4 de Maio? Ao falar do movimento dos trabalhadores usando ideias comunistas, o 4 de Maio marca historicamente a origem e o nascimento cultural do próprio Partido Comunista. Conectar a Jasic e o 4 de Maio não deslegitima o movimento, ao contrário, aumenta sua legitimidade. Portanto, acho correto usar essa forma de politização: a conexão dos estudantes da Jasic e o 4 de Maio. Cem anos se passaram, a história fechou seu círculo e voltamos ao ponto de partida.

Com relação à conexão entre a Jasic e o 4 de Junho, quando fui entrevistada pela imprensa de Hong Kong sobre as diferenças entre os estudantes da Jasic e os do 4 de Junho, as prisões mais recentes dos cinco trabalhadores das ONGs ainda não haviam acontecido. Naquele momento, senti que tinha que me posicionar sobre o recente 30º aniversário do 4 de Junho. Queria enfatizar que os estudantes da Jasic têm sido mais progressistas do que os estudantes do 4 de Junho. Eles não se referiram a uma ideia de democracia ocidental para resolver um problema da democracia política. Em vez disso, adotaram um ponto de vista marxista e foram lidar com os problemas da democracia econômica e cultural. Eles transcenderam as ideias da democracia ocidental dos estudantes do 4 de Junho. Por isso esperava usar esse último para inspirar seus apoiadores ou participantes a respaldar os estudantes isolados da Jasic, enfatizando o quão progressistas eles eram.

*R: Então, você acha que as últimas detenções que ocorreram no início de maio de 2019 estavam relacionadas à sua menção ao 4 de Junho?*

PN: Mesmo que a entrevista tenha sido realizada antes, quando o artigo em que eu conectei Jasic e o 4 de Junho foi publicado, quatro funcionários de ONGs já haviam sido presos. Essas pessoas não foram presas porque eu fiz essa declaração. Na minha opinião, pode-se dividir as prisões em três ondas: primeiro prenderam os trabalhadores e estudantes da Jasic; a segunda onda atingiu trabalhadores de ONGs trabalhistas com histórico de ações coletivas e ativistas que apoiavam trabalhadores que sofriam de silicose; e a última, terceira onda, atingiu trabalhadores periféricos do serviço social de inclinação política moderada. Esses assistentes sociais não participaram de nenhuma atividade do "Movimento Jasic". Todos eles no início participaram conosco do inquérito da Foxconn, do inquérito da construção civil e, até certo ponto, se inspiraram quando comecei a seguir questões de trabalhadores migrantes. Após sua formatura, começaram a trabalhar para ONGs com registro oficial. Há também entre os presos um dos primeiros editores da "Po Tu", que publicava opiniões de esquerda on-line. Então essa terceira onda de repressão foi uma resposta punitiva e uma retaliação às minhas declarações. Eu não havia previsto esse tipo de retaliação, e foi um grande retrocesso para nós.

Por trás de cada movimento bem-sucedido há incontáveis falhas de nossos antecessores. O ponto principal é saber se podemos tirar conclusões, aprender com as experiências e continuar avançando.

*R: Acredito que nesse diálogo tratamos das diferentes críticas dirigidas a você. Muito obrigado por concordar em conceder esta entrevista. Esperamos também que ela contribua aos debates sobre o "movimento Jasic".*

# 5.
# Existe um movimento feminista chinês de esquerda?[1]

Yige Dong[2]

---

[1] "Does China Have a Feminist Movement from the left?", *Made in China*, V. 4, N. 1, 18 Abr. 2019, disponível em: https://madeinchinajournal.com/2019/04/18/does-china-have-a-feminist-movement-from-the-left%EF%BB%BF%EF%BB%BF/.

[2] Professora de Sociologia e Estudos Internacionais de Gênero e Sexualidade na Universidade Estadual de Nova Iorque (SUNY), na cidade Buffalo, Yige Dong realiza pesquisa em economia política, trabalho, relações de gênero, confronto político e método histórico-comparativo.

A detenção das "Cinco Feministas" em março de 2015 e a subsequente campanha internacional para libertá-las marcaram um momento decisivo para os movimentos feministas contemporâneos na China[3]. Embora as mulheres chinesas tivessem aderido aos movimentos feministas globais já na virada do século XX, quando a "primeira onda" do feminismo varreu o mundo, a maioria de seus esforços ficaram à margem, se não totalmente ignorados, na memória pública.[4] Para muitos, foram as "Cinco Feministas" e o Ativismo Feminista Jovem (青年女权行动派, AFJ), que apresentaram ao mundo uma nova geração de mulheres chinesas – diretas, inovadoras e enfrentando, de forma destemida, um dos regimes autoritários mais poderosos da História.

Enquanto a maioria da mídia de fora da China relatou este caso de destaque positivamente e aplaudiu a enorme onda de conscientização feminista chinesa, alguns observadores apontaram que, como é mais visível na internet, as vozes e ações dessas mulheres são tendenciosas para a classe média urbana e não têm contato com o sofrimento das mulheres da força de trabalho migrante ou de outros estratos sociais mais baixos.[5]

O AFJ é, de fato, majoritariamente um projeto urbano de elite?

---

[3] Zheng Wang, *Detention of the Feminist Five in China*, 2015, p. 476-482; Li Maizi, *I Went to Jail for Handing Out Feminist Stickers in China*, 2017. Ver também o ensaio de Dušica Ristivojević "Smashing the Bell Jar", *Made in China Journal*, v. 4, jan-mar 2019.

[4] Lydia He Liu, Rebecca E. Karl e Dorothy Ko, *The Birth of Chinese Feminism*, 2013. Zheng Wang, *Women in the Chinese Enlightenment: Oral and Textual Histories*, 1999. Zheng Wang e Zhang Ying, *Global Concepts, Local Practices-Chinese Feminism since the Fourth UN Conference on Women*, 2010, p. 40-70. Zheng Wang, *Finding Women in the State: A Socialist Feminist Revolution in the People's Republic of China (1949-1964)*, 2016.

[5] Limin Dong, "政治化"性别:走向"公民社会"?以"后社会主义"中国为场域的考察 [Politizando o gênero: um movimento em direção à "sociedade civil"? Um estudo de caso da China "pós-socialista"]", 开放时代 [*Open Times*], 2016, p. 141-153. Xin Bai, "为何中国女权运动如此接近于"行为艺术"? [O feminismo chinês parece arte performática?]", 澎湃 [*O Papel*], 2015.

A China tem um movimento feminista de esquerda? Como pensamos a interseccionalidade entre classe e gênero no contexto político-econômico da China de hoje? Para responder a essas questões, é importante, antes de mais nada, pedir às feministas que estão lutando na base que definam, narrem e reflitam sobre seu ativismo. Mas, como uma observadora simpatizante, gostaria de discutir essas questões aqui a fim de destacar as conexões entre o feminismo chinês e o "feminismo para os 99%", um novo movimento global em formação.

Inspirado por movimentos de massa pela justiça de classe, como o Occupy, o recém emergente "feminismo para os 99%" serve como uma crítica poderosa ao "feminismo neoliberal" ou ao "feminismo corporativo", apontando que alguns legados da "segunda onda" do feminismo, que começou meio século atrás, foram apropriados por elites empresariais e políticas para seu avanço pessoal.[6] O "feminismo para os 99%" chama para uma luta renovada que vai além da política identitária, para abordar problemas estruturais arraigados, incluindo formas de opressão de classe e raça que se interseccionam com as desigualdades de gênero.[7] Nessa conjuntura histórica, com a crescente visibilidade do poder das mulheres na China, seria inspirador ver como o feminismo chinês contemporâneo pode não apenas contribuir, mas também possivelmente transformar essa nova onda global.

Com base na minha observação e envolvimento pessoal nos movimentos feministas chineses na última década, neste ensaio argumentarei que, embora a mobilização feminista na China compartilhe as características antiautoritárias comuns a muitos movimentos urbanos voltados à classe média, não é, de nenhuma maneira, confinada à esfera da elite urbana. Além disso, a atual estrutura de gênero e classe na China é, mais do que nunca, propícia para as forças feministas de esquerda, já que o agravamento das desigualdades de classe tornou as lutas por justiça de gênero, na maioria das esferas sociais, simultaneamente interseccional com questões de justiça econômica.

---

[6] Sarah Jaffe, *Feminismo para as 99%*, 2017.
[7] Cinzia Arruzza, Tithi Bhattacharya e Nancy Fraser, *Feminismo para 99%*, 2019. Ver também o ensaio de Séagh Kehoe sobre essa questão, "Global Connections: Chinese feminism, Tibet and Xinjiang", *Made in China*, v. 4, n. 1, p. 72.

## Desconstruindo o Mito do Privilégio

Antes de mergulhar na questão da estrutura de gênero e classe, primeiro é necessário desconstruir o mito de que as integrantes do AFJ são universitárias urbanas privilegiadas e, portanto, cegas para a injustiça de classe – uma afirmação comum encontrada entre observadores que se apressam demais em aplicar ao contexto chinês a crítica estabelecida ao feminismo corporativo, derivado do Norte Global. Um contraponto imediato é que, logo após a prisão das "Cinco Feministas", ativistas trabalhistas de Guangdong e Hong Kong se pronunciaram, afirmando que se solidarizavam com as feministas porque, quando antes ativistas trabalhistas foram ameaçados pelas autoridades, elas estavam ao lado dos trabalhadores.[8]

Uma leitura cuidadosa das biografias de integrantes de destaque da AFJ revela rapidamente que um número substancial delas é de origem rural e da classe trabalhadora. Por exemplo, três das cinco detidas, Li Maizi, Wei Tingting e Wu Rongrong, cresceram no campo. Embora ter cursado faculdade em cidades importantes como Pequim, Cantão e Xiam as tenha exposto a ideias feministas cosmopolitas, elas não possuem o capital econômico e social que um típico morador da cidade de colarinho branco e classe média teria. Na verdade, de acordo com Lü Pin, uma figura proeminente no AFJ, foi justo pela falta de recursos e acesso ao sistema estabelecido que as jovens feministas tiveram que contar com "drama e visualidade" – como o engenhoso protesto da "noiva ensanguentada", em uma grande avenida de Pequim em 2012 – para chamar a atenção do público sobre a ausência de legislação contra a violência doméstica.[9]

Além do histórico individual de classe, muitos dos serviços sociais e atividades de defesa realizados pelo AFJ são para pessoas

---

[8] Movimento de Cidadãos da China, "劳劳工 界 对 女权 活动 者 的 集体 声援 [Grupos de Trabalho em Apoio às Ativistas Feministas]", 公民 [Movimento de Cidadãos da China], 2015. Gongpingshe, "Profunda preocupação com o movimento feminista reprimido pelas autoridades: elas estão intimamente relacionadas com cada uma das oprimidas [深切关注 遭受 当局 打压 的 女权 运动：她们 与 我们 每 一个 受 压迫者 息息相关]", 工评社 [*Labour Review*], 2015.

[9] Pin Lu, *Above Ground: China's Young Feminist Activists and Forty Moments of Transformation*, 2016.

à margem da sociedade, incluindo migrantes, trabalhadoras do sexo, trabalhadoras domésticas e camponesas. Por exemplo, o mesmo grupo de jovens feministas que fez o protesto da "noiva ensanguentada", também fez campanha por direitos econômicos iguais para as mulheres rurais. Em 12 de dezembro de 2013, com a ajuda do AFJ, He Zhuqing e outras sete camponesas, que haviam perdido suas terras após o casamento ou divórcio, reuniram-se em frente ao gabinete do Governo Provincial de Zhejiang em Hangzhou. Deitaram-se na rua e formaram uma "pirâmide humana", com palavras de ordem cobrindo seus corpos: "Mulheres casadas são como água jogada fora" e "A tirania de valorizar muito os homens e pouco as mulheres".[10]

Além disso, muitas das batalhas do AFJ lidam, efetivamente, com a sobrevivência de mulheres de camadas sociais mais baixas. Tomemos um caso bastante divulgado como exemplo. Em janeiro de 2015, Ma Hu, uma feminista lésbica de 25 anos, processou a China Post, a empresa estatal que monopoliza os serviços postais. Vinda de uma vila no nordeste da China, e com um diploma universitário em artes plásticas, Ma lutava para permanecer em Pequim, e tentava conseguir um emprego em entrega expressa para pagar as contas. A China Post rejeitou sua candidatura porque, como os gerentes lhe disseram sem cessar, "somente homens seriam adequados para o trabalho". Depois que um tribunal em Pequim decidiu a seu favor, esse tornou-se o primeiro processo bem-sucedido sobre discriminação de gênero no emprego contra uma empresa estatal.[11] Ele foi precedido por um caso semelhante em 2014, no qual Huang Rong, outra ativista ligada à AFJ, processou a New Oriental Culinary School, em Hangzhou, província de Zhejiang, depois que teve negada sua candidatura a uma vaga de emprego. Acredita-se que essa foi a primeira vez que uma candidata a um posto de trabalho ganhou um processo de discriminação de gênero na China.[12]

---

[10] Gender Watch, "用 维权 自我 赋权: 农 嫁 女 何竹青 在 行动 中 蜕变 [Autoempoderamento através de campanha de direitos: Como o ativismo transformou uma mulher rural]", 妇女 传媒 监测 网络 [Rede do Observatório do Gênero], 2014.

[11] Meili Xiao, "马户 的 故事 [A História de Ma Hu]", 女权 学论 [Feminismo Chinês Online], 2018.

[12] Brian Stauffer, *"Only Men Need Apply": Gender Discrimination in Job Advertisement in China*, 2018.

É notável que, tanto Ma Hu quanto Huang Rong, cresceram na China rural. Para lutar por causas feministas, elas escolheram começar com justiça de gênero no emprego, difícil ser considerado como um conceito "elitista". Seu status socioeconômico um tanto baixo reflete o fato de que muitos aspectos da injustiça de gênero na China de hoje estão intimamente ligados à desvantagem geral de classe das mulheres e suas reduzidas chances de mobilidade – um problema estrutural em que vulnerabilidades de gênero e classe reforçam-se mutuamente.

## Gênero e classe na China de hoje

Isso leva a uma análise estrutural da interseccionalidade gênero/classe na China contemporânea. Nas últimas quatro décadas, a reintegração do país ao capitalismo global trouxe discrepâncias de classe sem precedentes. O afastamento do governo do feminismo estatal – que fazia parte do projeto socialista antes da reforma – deu origem a uma nova ordem de gênero, que restaurou a percepção essencialista das mulheres como objetos sexuais e cuidadoras primárias. Essas duas fontes de desigualdade, a saber, de classe e gênero, estão fortemente correlacionadas.

Condizendo com as tendências globais, a diferença de gênero na educação na China foi quase eliminada e o número de mulheres, hoje, supera o de homens em todas as fases da escolaridade. De acordo com dados da Federação de Mulheres da China (FMC), em 2010, 30% das mulheres chinesas com menos de 30 anos tinham diploma universitário em comparação com apenas 26% dos homens.[13] No entanto, o sucesso na educação não se traduziu em paridade econômica. Embora a renda média das mulheres chinesas tenha aumentado, com constância, desde o início das reformas de mercado, a disparidade salarial entre homens e mulheres também aumentou. Entre 1990 e 2010, a renda média das mulheres

---

[13] FMC (Federação de Mulheres da China), "第三 期 中国 妇女 社会 地位 抽样 调查 主 数据 调查 报告 [*Terceiro Inquérito Nacional sobre o Estatuto Social das Mulheres*]", Pequim: ACWF, 2010.

urbanas chinesas em relação a dos homens diminuiu de 78% para 67%, enquanto, para suas contrapartes rurais, essa proporção diminuiu de 79% para 60%.[14] Em geral, a maioria das mulheres chinesas, no pico de sua idade economicamente ativa (18-64), pertence a grupos de renda baixa ou média-baixa. Em todos os tipos de empresas e repartições públicas, as mulheres representam apenas 2% dos cargos de liderança.

Além da renda, o acúmulo de riqueza é outro âmbito onde as mulheres chinesas são deixadas para trás. Considerando que a moradia é a propriedade privada mais importante e valiosa que uma família chinesa pode ter, na maioria das famílias chinesas, devido às normas patriarcais, é o marido quem detém o título de propriedade.[15] Para todas as propriedades habitacionais em todo o país, apenas 38% exibem mulheres como proprietárias ou coproprietárias.[16] Apenas 13% das mulheres casadas na China têm imóveis em seu próprio nome, e 28% compartilham a propriedade com seus maridos, enquanto a metade dos homens casados têm imóveis em seu próprio nome. Em 2010, 21% das mulheres rurais na China não tinham direito a nenhuma terra, 9% a mais do que os homens. Em comparação com os homens, as mulheres têm maior probabilidade de perder seus direitos à terra como resultado de casamento ou divórcio.[17]

Além disso, se olharmos para a distribuição da composição de gênero por ocupação, é claro que os homens dominam os empregos nas camadas média e alta, em termos de prestígio social e/ou econômico – como médicos, engenheiros, profissionais de logística e outros empregos de maior qualificação e valor agregado. O setor de TI, por exemplo, tem um dos maiores desequilíbrios de gênero: para cada 100 programadores, há apenas 6 mulheres.[18]

---

[14] FMC (Federação de Mulheres da China), "第二 期 中国 妇女 社会 地位 抽样 调查 主 数据 调查 报告 [*Segundo Inquérito Nacional sobre o Estatuto Social das Mulheres*]", Pequim: ACWF, 2000. FMC, 2010.

[15] Leta Hong Fincher, *Leftover Women: The Resurgence of Gender Inequality in China*, 2014.

[16] FMC, 2010.

[17] FMC, 2010.

[18] Centro de Informações de Rede da Internet da China, "中国 互联 网络 发展 状况 统计 报告 [*Relatório Estatístico da China sobre o Desenvolvimento da Internet*]", Pequim: CNNIC, 2018.

Enquanto as indústrias de elevado crescimento e alta renda são dominadas por homens, seu oposto na divisão de trabalho por gênero define o setor de serviços. Tendo ultrapassado o setor industrial, os serviços tornaram-se recentemente o maior mercado de trabalho na China, o que inclui empregos de baixo custo, como o doméstico, o trabalho em hotéis e no varejo.[19] Por tratar-se de um setor bastante feminilizado, o mercado de trabalho de serviços é também, de maneira significativa, informal, com pouca regulação e proteção trabalhista. Por exemplo, 90% dos 21,62 milhões de trabalhadoras domésticas remuneradas na China são mulheres que foram demitidas ou são migrantes rurais.[20] Apesar dos esforços recentes para padronizar a qualidade dos serviços – concebida como uma medida para satisfazer o consumidor –, ainda não existem regulamentação ou leis para proteger os direitos dos trabalhadores do serviço.[21]

As exacerbadas discrepâncias de gênero e a estrita divisão de gênero do trabalho entre "tecnologia de ponta" e "serviço de baixo custo" também moldarão as possibilidades futuras de organização dos trabalhadores: organizar esses setores informais e de baixo custo – uma tarefa cada vez mais urgente, já que os empregos na indústria estão deixando a China – significa lidar com uma força de trabalho altamente feminilizada. Nesse contexto, abordar os direitos das mulheres exige o envolvimento com questões de proteção do trabalho, bem-estar social, direito à terra e política redistributiva em geral.

## Conjunturas não intencionais

Além de mudar as estruturas de gênero e classe, a atual tenebrosa situação política na China também tem um papel na formação da relação entre os movimentos feministas e trabalhistas.

---

[19] Yanrui Wu, *China's Services Sector: The New Engine of Economic Growth*, 2015, p. 618-634.
[20] Oxfam Hong Kong, "边缘女工的充权与倡导 [Empoderamento e Defesa de direitos: Relatório sobre a Experiência de Trabalho da Oxfam com Trabalhadoras Domésticas]", 2016.
[21] Xinping Li, *New National Standards Are Available for Nanny Service*, 2015.

Desde a repressão do governo ao AFJ em 2015, mais de uma centena de advogados de direitos humanos, ativistas trabalhistas e organizadores de ONGs foram perseguidos e detidos, dentre os quais dezenas terminaram acusados, julgados e condenados. Na medida em que o Estado aumenta o controle sobre o ativismo político, e os recursos para a mobilização cívica secam, uma conjuntura não intencional parece estar emergindo onde as forças sociais que costumavam lutar por diferentes causas estão se juntando. Na base, vimos a convergência de lutas contra as injustiças de gênero e a opressão trabalhista.

Por exemplo, Jianjiao Buluo (尖椒 部落), uma plataforma de internet criada em épocas recentes, tem publicado conteúdo que aborda questões da intersecção de gênero e trabalho, incluindo histórias escritas pelas próprias trabalhadoras. Um caso recente é o ensaio publicado em 2018[22], sob o pseudônimo "uma trabalhadora da Foxconn", solicitando que a empresa estabeleça regulamentações contra o assédio sexual no local de trabalho.

Janeiro de 2018 foi o mesmo mês em que a campanha global #MeToo começou a ganhar força na Internet chinesa (veja a conversa de Lam com Zhang Leilei nesta edição). Com efeito, muitos chineses começaram a fazer campanha contra o assédio sexual e agressão no local de trabalho e no ambiente acadêmico, anos antes do movimento #MeToo. Já em 2014, 256 acadêmicos e estudantes chineses assinaram uma carta aberta pedindo que o Ministério da Educação criasse políticas antiassédio sexual para os campi[23] (Liang, 2018). Em abril de 2018, Yue Xin, aluna do último ano da Universidade de Pequim, e outros estudantes militantes, fizeram manifestações no campus, exigindo que a administração da universidade liberasse o arquivo do caso de Shen Yang, um professor que enfrentava acusações de ter estuprado uma estudante 20 anos antes, possivelmente levando-a ao suicídio. Muito antes de emergir como uma das principais vozes do movimento chinês #MeToo,

---

[22] Mulher trabalhadora da Foxconn, "我是富士康女工, 我要求建立反性骚扰制度 [Sou trabalhadora da Foxconn e exijo que a empresa estabeleça regulamentações contra o assédio sexual]", 尖椒 部落 [*Clube Jianjiao*], 2018.

[23] Chenyu Liang, *The #MeToo Campaign Spreading across China's College Campuses*, 2018.

durante anos, Yue Xin foi uma ativa participante da Sociedade Marxista da Universidade de Pequim – organização de esquerda que luta por justiça social, incluindo os direitos dos trabalhadores terceirizados do campus. Em julho, Yue Xin e estudantes de várias universidades viajaram para Shenzhen para apoiar os trabalhadores em greve, protestando contra os baixos salários, as extensas horas de trabalho e a eleição não democrática dos líderes sindicais na Jasic Technology[24] (Shephard, 2018; Zhang, 2019).

Outra ativista que se destacou no incidente da Jasic foi Sheng Mengyu. Depois de formada pela Universidade Sun Yat-Sen, com um mestrado em STEM (Ciência, Tecnologia, Engenharia e Matemática, na sigla em inglês) em 2015, ela obteve um emprego na linha de montagem, na esperança de entrar em contato com os trabalhadores e ajudar a melhorar sua situação[25] (Zheng, 2018). Seu ativismo concentra-se na proteção dos direitos das trabalhadoras, sobretudo na saúde materna e assistência. Isso não é coincidência. A história dos movimentos trabalhistas, incluindo a do antigo Partido Comunista Chinês, ensinou que as ativistas e organizadoras têm mais acesso às mulheres e mais percepção das desvantagens e necessidades específicas delas.

Enquanto temos que esperar para ver se, e como, os movimentos de trabalhadores e feministas podem romper o cerco e seguir adiante, dada a condição de gênero e classe e as redes já conectadas entre militantes desses movimentos, uma solidariedade mais forte entre os dois – assim como com outras forças sociais – é bem plausível. É sob esta luz que acredito que o feminismo chinês contemporâneo pode ter um papel fundamental na formação do "feminismo para os 99%" em uma escala global, já que muitos dos padrões de gênero e classe na China, assim como a sombria situação política, também podem ser encontrados em outras partes do mundo.

---

[24] Yueran Zhang, "The Jasic Strike and the Future of the Chinese Labour Movement", *Made in China Yearbook 2018: Dog Days*, 2019, p. 64-71. Christian Shephard, *At a Top Chinese University, Activist "Confession" Strike Fear into Students*, 2019.

[25] Yonging Zheng, "梦雨: 无悔 选择 - 从中大 硕士 到 流水线 女工 [Mengyu: Sem arrependimentos - De bacharéu da Universidade Sun Yat-Sen a operária da linha de montagem]", 2018.

# 6.
# Colhendo nos campos de bem-estar social[1]

Coletivo Chuang[2]

---

[1] "Gleaning the Welfare Fields, Rural Struggles in China since 1959", *Chuang*, v. 1, 2016, disponível em: http://chuangcn.org/journal/one/gleaning-the-welfare-fields/.
[2] Chuang publica uma revista teórica e um blog analisando o contínuo desenvolvimento do capitalismo na China e suas consequentes revoltas.

> Os jovens de hoje em dia, a geração sem experiência na agricultura, mesmo que tenham terras agrícolas e não consigam encontrar emprego, ainda não estão dispostos a se arriscar na agricultura. (...) Na minha experiência, depois de viver longe de casa por muitos anos, foi só ao retornar para Wukan que me senti seguro, como um barco entrando no porto. Pode ser por isso que os jovens tiveram um papel tão ativo na luta pela terra em Wukan.[3]

Em dezembro de 2011, quando participantes do Occupy, nos EUA, estavam sendo expulsos de suas barracas cobertas de granizo e a Primavera Árabe, apenas iniciando sua degringolada rumo ao outono, alguns milhares de "agricultores" de uma vila de pescadores chinesa ganharam as manchetes do mundo. A China continental afinal juntara-se ao movimento global das praças? Pequenas manifestações em cidades americanas tentaram encenar essa fantasiosa conexão transnacional. E, de certa forma, a Revolta de Wukan seguiu uma trajetória similar a movimentos simultâneos em outros lugares, como as revoluções da Tunísia e do Egito. A brutalidade policial contra manifestantes pacíficos deu origem a um movimento de massa, cujas ações militantes logo superaram as demandas, no início, moderadas, e cujo sucesso político ("derrubar o regime" e eleger novos líderes) acabou falhando em resolver as queixas econômicas imediatas dos participantes. Isso sem mencionar a exclusão de possibilidades mais radicais que surgiram durante o movimento.

Mas tal semelhança reflete um nível mais profundo de comunalidade transnacional do que os observadores deixaram passar: a capacidade decrescente do Estado em atender demandas econômicas devido à recessão global e sua crise subjacente de reprodução.

---

[3] Chuang, *Revisitando a Revolta de Wukan de 2011: Uma entrevista com Zhuang Liehong*, 2016.

Em 2011, muitos observadores acreditavam que a China era uma exceção à regra, mas agora ficou evidente que a crise já estava gerando-se sob a superfície. Governos locais como o de Wukan vinham vendendo desesperadamente terras coletivas dos moradores para pagar dívidas dos gastos com estímulos. Essa semelhança acabou obscurecida pela maneira como Wukan, e lutas similares, foram representadas como a resistência dos "agricultores" ao confisco das terras que cultivam como fonte primária de renda ou subsistência. Olhando mais de perto, descobrimos que a maioria dos habitantes vive e trabalha sobretudo nas cidades, não tem conhecimento de cultivo agrário e visa apenas aumentar a indenização monetária pelo uso de suas terras por empreendedores comerciais. Como tal, essas lutas recentes têm mais semelhança com as mobilizações antiausteridade sobre o salário social na Europa e na América do Norte do que com as lutas camponesas clássicas por terra – incluindo as que foram travadas de modo tão feroz por alguns dos mesmos protagonistas chineses e seus pais nos anos 1990.

Ao mesmo tempo, os sujeitos dessas lutas recentes não podem ser reduzidos a espécimes de um proletariado global homogêneo, ou "multidão". O próprio proletariado chinês é profundamente dividido entre os portadores do *hukou* (registro domiciliar) urbano e rural. A população rural, por sua vez, encontra-se fragmentada por uma variedade de condições materiais distintas. Essas condições não podem ser entendidas sem investigar seus antecedentes históricos – um contexto de mudança agrária que tem sido central na modernidade chinesa em suas formas imperialista-tardia, republicana, socialista e pós-socialista.[4]

## O que resta do campesinato da China?

Inúmeras lutas rurais da China desde meados dos anos 2000 – incluindo muitos dos conflitos por terra responsáveis por 65% dos 180.000 "incidentes de massa" em 2010 – adquiriram o

---

[4] Sobre nosso uso dos termos "socialista" e "pós-socialista" e o papel e condições do campesinato no "regime socialista desenvolvimentista" da China, ver Chuang, *Sorghum and Steel*, 2016.

caráter de negociações sobre o salário social. Embora quase todos esses conflitos tenham permanecido localizados e estreitamente definidos, as condições mais proletarizadas de seus participantes, e o maior domínio das forças do mercado global em aldeias remotas[5], podem estar aumentando as possibilidades materiais dessas mobilizações relacionarem-se com as greves e revoltas sempre iminentes, que perturbam com frequência as áreas urbanas, onde a maioria desses "camponeses" agora vive e trabalha.

O termo "camponês" é usado com alguma hesitação, já que os camponeses de hoje (na China e com certeza em todos os lugares) são bem diferentes daqueles mobilizados por pessoas como Makhno e Mao. Sem dúvida, o século passado transformou o significado do termo a um ponto irreconhecível. É usado aqui tanto porque "camponês" (*nongmin*) ainda constitui uma identidade marcante na China e, o que é mais importante, porque destaca uma contínua separação institucional entre o *hukou* urbano e o rural. Duas definições sobrepostas de "camponês" podem ajudar a entender muitos conflitos na China pós-socialista:

(1) Em um sentido amplo específico da China, "camponês" pode indicar qualquer pessoa com um *hukou* rural, que serão chamados aqui de "habitantes rurais" ou "população rural", para evitar possíveis equívocos conceituais. Não poucos, da população rural, vivem em áreas urbanas na maior parte do tempo, e muitas vezes não sabem se irão estabelecer-se em definitivo lá ou se, em última instância, voltarão às suas vilas e povoados. O sistema *hukou* é semelhante ao apartheid ou à cidadania nacional, excluindo a população rural de certos direitos usufruídos pela parcela urbana (pessoas com *hukou* urbano), mas, por outro lado, garantindo a eles o direito de usar recursos coletivos dos vilarejos, como terras agrícolas, florestas, lagoas, litoral e

---

[5] Esse domínio é ilustrado, por exemplo, pelos efeitos sobre os camponeses da quebra da Bolsa de Valores no verão de 2014. Emily Rauhala, "How farmers from rural China bet on the stock market and lost", *Washington Post*, 2015.

pastagem. Em 2012, os rurais representavam entre 60% e 70% da população da China, totalizando de 800 e 950 milhões de pessoas.[6] Cerca de 280 milhões dessas pessoas são residentes urbanos, no sentido em que passam a maior parte do tempo nas cidades, em especial no trabalho assalariado, ou administrando pequenos negócios.

(2) Nas definições sociológicas clássicas, "camponês" refere-se mais especificamente a domicílios multigeracionais (não seus membros individuais, que podem ocupar várias posições de classe ao longo de suas vidas), com acesso a pequenos lotes de terra usados para produção com trabalho familiar, a princípio para uso direto, além do excedente para venda, aluguel e/ou impostos. De acordo com essas definições, os camponeses não são agricultores capitalistas, porque não exploram suas terras como capital, nem administram suas "fazendas" como empresas.[7] Também não são completamente proletários, já que têm acesso a meios de subsistência e utilizam-nos para a reprodução doméstica, além de obterem alguma produção excedente. Ao mesmo tempo, vez por outra são semiproletários, já que dependem, em parte, do salário ou da renda informal de um ou mais membros da família. Nesse sentido, os camponeses da China são muito menos que os 900 milhões de habitantes rurais, embora alguns sociólogos argumentem o contrário.[8]

---

[6] Dois métodos para calcular esse número são explicados aqui: "Wujuo de noncun huji renkou daodi you duoshao?"《我国的农村户籍人口到底有多少?》.

[7] Essa diferença é mais óbvia em chinês: "camponês" é *nongmin* e "agricultor (capitalista)" é *nongchangzhu* — literalmente, o proprietário de uma "fazenda" (*nongchang*). *Nongchang* refere-se apenas a fazendas capitalistas ou estatais (que contratam trabalhadores), nunca àquelas limitadas ao trabalho doméstico em terras distribuídas pela aldeia, referidas apenas obliquamente como "campos" (*tian*). A agricultura camponesa não é, portanto, considerada um empreendimento comercial, embora, na maioria dos casos, agora funcione parcialmente como tal.

[8] Em 2006, por exemplo, He Xuefeng estimava que 70% da população da China (900 milhões de pessoas) ainda eram "camponeses" nesse sentido sociológico, prevendo que isso não cairia abaixo de 50% nos 30 anos seguintes. Discutido em *China Left Review*, "The Question of Land Privatization in China's 'Urban-Rural Integration'".

Enquanto o último sentido de "camponês" descreve com precisão as condições da maioria dos domicílios rurais no período de transição pós-socialista (décadas de 1970 a 1990), essa categoria tornou-se menos útil desde os anos 2000. O crescente domínio das forças do mercado global transformou a terra remanescente da população rural, de meios de produção, em meros "campos de previdência social" (*fulitian*), como intelectuais e formuladores de políticas públicas chineses colocam – alguns argumentando que essas terras de propriedade coletiva fornecem um complemento ao austero sistema de seguridade social da China, até que o Estado seja rico o suficiente para bancar a "socialdemocracia no estilo escandinavo".[9] Embora os idosos ainda cultivem essa terra, seus domicílios e o que resta de suas comunidades rurais tornaram-se dependentes de outras fontes de renda. Ao mesmo tempo, elas estão se tornando mais precárias na medida em que a China filia-se à tendência global de desindustrialização.[10] Sua população rural está sendo proletarizada no momento em que está se tornando excedente às necessidades da acumulação capitalista.[11] Enquanto isso, o Estado chinês tenta evitar os efeitos desestabilizadores da urbanização descontrolada e das favelas periurbanas. O sistema *hukou* – incluindo o acesso aos campos de previdência social que ele legalmente fornece aos habitantes rurais – cumpre, assim, a função dupla de externalizar os custos da reprodução da força de trabalho para os membros "camponeses" das famílias rurais, e ajudar a gerenciar uma população cada vez mais supérflua para a economia de mercado.

---

[9] Um exemplo influente dessa perspectiva é Wen Tiejun, "Gengdi weishenme buneng siyouhua?" Zhongguo Geming, 2014. 温铁军,《耕地为什么不能私有化?》,《中国改革》2004第4期).

[10] "Desindustrialização", aqui, refere-se ao declínio secular no emprego industrial relacionado ao aumento da produtividade do trabalho, ao aumento da composição orgânica do capital e saturação dos mercados. Para obter evidências de que essa tendência existe globalmente e até na China, veja Chuang, *No Way Forward, No Way Back*, 2016.

[11] Sobre "a lei geral da acumulação capitalista" para gerar uma "população excedente" relativa além do papel de "exército industrial de reserva", ver "Misery and Debt: On the Logic and History of Surplus Populations and Surplus Capital", *Endnotes2*, 2010.

Embora o sistema *hukou* não seja mais tão importante quanto era no período entre a década de 1960 e meados dos anos 2000,[12] ele ainda divide a população chinesa. Em seu aspecto negativo, o sistema continuamente prejudica os habitantes rurais que vivem em áreas urbanas, em relação aos serviços sociais, e a polícia pode mandá-los de volta às suas aldeias a qualquer instante (o que acontece de raro em raro nos dias de hoje, mas, ainda assim, é uma cartada que pode ser usada em tempos conflito). Em seu aspecto positivo, um *hukou* rural garante o usufruto de parte dos recursos coletivos da aldeia. Ainda que esse direito ajude a gerenciar a população excedente e externalize os custos da reprodução social, os investidores individuais e os governos locais são, no entanto, movidos pelo lucro e pela dívida crescente para minar essas funções estabilizadoras através de práticas predatórias, como a grilagem de terras, forçando a população rural a defender esse direito ou, cada vez mais, apenas lucrar com o que foi perdido.

As famílias rurais pós-socialistas, então, relacionam-se com a acumulação capitalista de diversas formas não explicadas apenas pelo salário:

1. Seus recursos são expropriados através de:
a) grilagem de terras (a causa mais comum de incidentes de massa de meados dos anos 2000 até cerca de 2013);
b) poluição (externalização dos custos da produção capitalista de modos que destruam recursos dos camponeses – alegadamente, a causa mais comum de incidentes de massa em 2013);
c) privatização de instalações e empresas coletivas das aldeias (sobretudo nas décadas de 1980 a 1990);
d) uma parte dos impostos e taxas do governo convertida em capital através do investimento em empresas "coletivas", com fins lucrativos (até meados da década de 2000 as reformas aboliram os impostos e taxas rurais).

---

[12] Para mais informações, consulte *Sorghum and Steel*, 2016.

2. São explorados através de "trocas desiguais"13 nos mercados de:

   a) crédito (juros pagos a instituições financeiras);

   b) insumos agrícolas (preços de monopólio de produtos patenteados como sementes, variedades de animais, agroquímicos, equipamentos etc.);

   c) a venda de produtos agrícolas dos camponeses a intermediários, "cooperativas" capitalistas, empresas de alimentos, de logística e varejistas (os camponeses recebem uma minúscula parte do preço pago pelos consumidores, sendo a maioria extraída por esses outros elos da cadeia de mercadorias);

   d) aluguel de terras agrícolas (incomum na China, já que a maioria dos camponeses cultiva suas próprias terras. Está porém, tornando-se comum que empresas arrendem terras das aldeias e depois as subloquem de novo aos moradores locais ou camponeses mais pobres de outras partes. Também ocorre de ex-camponeses, proprietários em áreas costeiras afluentes como Guangdong, arrendem suas terras a camponeses pobres do interior para a agricultura comercial).

3. Certos membros da família são explorados durante certos períodos, por meio da relação de assalariamento, afetando todo o domicílio na medida em que depende dos salários enviados.

A isso deve ser acrecido o sentido geral, em que a vida de todos é moldada pelas relações mercantis, de modo que os que não têm dinheiro suficiente são excluídos das coisas que foram levados a precisar ou desejar – exclusão essa que é defendida pela força do Estado. Para os habitantes rurais que se encontram à margem da

---

[13] Este é um termo da literatura marxiana de "estudos camponeses". Veja, por exemplo, Hamza Alavi, "Peasantry and Capitalism: A Marxist Discourse", em *Peasants and Peasant Societies*, organizado por Teodor Shanin, 1987. É comparável à "tesoura de preço" de Preobrajenski durante a era socialista, com exceção do fato de que é determinada não por decreto do Estado, mas pelo poder de barganha relativo dos camponeses contra os capitalistas nesses mercados. Essa relação entre camponeses e capital difere das relações entre, por exemplo, capitalistas industriais, proprietários de imóveis e varejistas, na medida em que não apenas divide o lucro extraído dos trabalhadores assalariados na produção industrial, mas, efetivamente, extrai mais-valia do trabalho camponês.

vida econômica, incapazes ou indispostos a subsistir do cultivo da terra, do trabalho assalariado ou do comércio legal, resta-lhes, na experiência com o capital, a coerção policial das relações de propriedade e da ordem social. Na prisão, alguns podem contribuir diretamente para a acumulação, através do trabalho forçado.

Os habitantes rurais agiram de forma coletiva contra a extração e a exclusão de diversas maneiras, cada uma correspondendo a uma dessas relações:

1. Contra a expropriação direta, fizeram requerimentos para as autoridades superiores e realizaram bloqueios, revoltas e ocupações de terras roubadas e prédios do governo.

2. Contra a "troca desigual", formam cooperativas (para finanças, suprimento agrícola, processamento e comercialização) e criam redes alternativas de comércio.

3. Na relação de assalariamento, trabalhadores de domicílios rurais negociam ou fazem requerimentos às autoridades e, quando isso falha, apelam às greves, desacelerações, sabotagens e revoltas.

4. Contra a exclusão, a população rural pode recorrer a atividades criminais, ocupar espaços para usar como habitação, mendigar ou trabalhar como vendedores ambulantes e, ocasionalmente, articular revoltas.

## Resistência à extração do Estado durante o período socialista (1959-1978)

O caráter atual da resistência rural tem suas raízes na era socialista. Esse ciclo de luta começa em 1959, o primeiro ano da Grande Fome do Salto Adiante, quando ocorreu uma ruptura entre os camponeses e o Partido Comunista Chinês (PCCh), que havia desenvolvido amplo apoio no campo em vários graus nas três décadas anteriores. Muitos membros e até líderes do partido vinham do campesinato, e as orientações do PCCh demonstraram êxito em vencer lutas contra as elites locais, algo que os camponeses pobres já haviam tentado por conta própria, sem sucesso. O apoio camponês cresceu ao longo dos anos 1950, quando as políticas do PCCh (como reforma agrária e cooperativização), junto com o fim da guerra civil, levaram a melhorias nos padrões de vida.

Tudo isso desmoronou com o retorno da fome em 1959, após o primeiro ano da campanha do Grande Salto Adiante do PCCh.[14] Muitos camponeses começaram a considerar o unipartidarismo como uma força estranha, extorsiva e opressora e passaram a agir individual ou coletivamente contra ele, escondendo grãos dos coletores estatais, roubando de campos coletivos, saqueando celeiros, indo às cidades para exigir comida,[15] e, em alguns casos, pegando em armas e iniciando "tomadas de poder" locais.[16]

O recuo pós-Salto a políticas agrárias mais conservadoras (descoletivização parcial, restauração de mercados) atenuou a agitação camponesa, mas o estrago estava feito. A partir de então, seria mais difícil mobilizar os camponeses para campanhas em massa ou mesmo para o trabalho cotidiano. A ineficiência que tanto os dengistas[17] quanto os liberais atribuem à natureza da produção coletiva em geral, na verdade, originava-se, nesse caso, na resistência dos camponeses à extração estatal e do que eles interpretavam como tentativas alheias, não raro irracionais, de controlar o processo de produção. Na década de 1970 (após uma

---

[14] Para um histórico sobre o Grande Salto e as causas da fome que se seguiu, veja "A Commune in Sichuan?", *Sorghum and Steel*, no blog Chuang, e *Eating Bitterness: New Perspectives on China's Great Leap Forward and Famine*, organizado por Manning e Wemheuer, 2011.

[15] Foi parcialmente em resposta a isso que o Estado reinstituiu o sistema *hukou* em sua forma atual em 1960 (após seu colapso durante o Salto). Ver *The Origins and Social Consequences of China's Hukou System*, de Tiejun Cheng e Mark Selden, 1994, p. 644-668; e Manning e Wemheuer, 2011.

[16] Sobre a resistência camponesa durante o Grande Salto Adiante, ver Manning e Wemheuer, 2011; Ralph Thaxton, *Catastrophe and contention in rural China: Mao's Great Leap Forward famine and the origins of righteous resistance in Da Fo Village*, 2008; e Gao Wangling, "Renmingongshe shiqi zhongguo nonmin fanxing wei diaocha", *Zhonggongdang shi chubanshe*, 2006. 高王凌,《人民公社时期中国农民反行为调查》,中共党史出版社, 2006).

[17] Dengistas – seguidores de Deng Xiaoping e Liu Shaoqi, que contestaram as políticas maoístas durante os anos 1960 e 1970 e chegaram ao poder em 1978, iniciando a transição da China para o capitalismo em nome do "socialismo de mercado" – argumentam que a agricultura coletiva era inerentemente ineficiente em comparação com a agricultura familiar (com base na propriedade coletiva da terra em um mercado regulamentado pelo Estado). Tanto os liberais chineses quanto os ocidentais vão ainda mais longe ao argumentar que a terra deve ser privatizada.

coletivização mais moderada em meados da década de 1960), inúmeros camponeses de novo pressionaram pela descoletivização parcial, e outros deram as boas-vindas à descoletivização forçada do Estado dengista no início dos anos 1980 – menos por causa do individualismo inerente dos camponeses ou da "mentalidade pequeno-burguesa", e mais porque queriam menos extração e mais controle sobre a produção.[18]

## Resistência às flutuações de preços durante o período de transição (meados dos anos 1980 até o início dos anos 1990)

O início dos anos 1980 constituiu uma era de ouro para a maioria dos camponeses chineses, comparável aos 1950 em otimismo, e superando-os em termos de sustento. Várias décadas de paz e incremento gradual no consumo de alimentos, combinadas com melhorias pós-1968 nos serviços de saúde rurais, conseguiram dobrar a expectativa de vida entre 1949 e 1980. Nesse meio tempo, duas décadas de projetos coletivos para aperfeiçoar a infraestrutura rural (com acréscimo de novas terras ao cultivo, expansão de sistemas de irrigação, construção de estradas etc.) e modernização estatal da agricultura (mecanização, produção de agroquímicos e variedades de sementes e gado de alto rendimento), afinal vingaram no final dos anos 1970.[19] A isso somou-se o primeiro aumento estatal significativo nos preços dos produtos agrícolas, complementado por subsídios para os empreendedores camponeses que reorganizassem sua agricultura familiar e privatizassem equipamentos coletivos, com o objetivo de especializarem-se em certas mercadorias. Tais medidas levaram a um acelerado aumento da produtividade agrícola

---

[18] Os camponeses idosos de Anhui, por exemplo, nos informaram que não haveria necessidade de descoletivizar se o Estado simplesmente extraísse menos grãos, oferecesse preços mais altos ou permitisse mais controle sobre o cultivo.

[19] Para um estudo comparativo aprofundado dessas mudanças (que, apesar do título do livro, também é crítico em pontos-chave), ver Chris Bramall, *In Praise of Maoist Economic Planning: Living Standards and Economic Development in Sichuan since 1931*, 1993.

e de renda, algo não visto desde a dinastia Ming, em especial para aqueles capazes de se beneficiar dos subsídios ao empreendedorismo disponíveis entre 1978 e 1984.

Em meados da década de 1980, no entanto, uma combinação de novos fatores fez esses crescimentos de produtividade e renda diminuírem. O aumento atribuível à modernização de minúsculos lotes de terra logo alcançou seus limites. O Estado então diminuiu seus subsídios e controles de preços para a agricultura como parte de sua estratégia geral de comercialização, para equilibrar o orçamento e reduzir o preço dos alimentos para os habitantes da cidade. Essas mudanças significaram um desastre para os camponeses que se especializaram em determinadas culturas comerciais, quando os preços caíram abaixo do custo de produção, levando à primeira onda significativa de protestos camponeses na China desde a Grande Fome do Salto Adiante,[20] do início dos anos 1980.

Há poucos dados disponíveis sobre essa série de lutas, devido à censura da mídia e à preferência dos pesquisadores em focar nas lutas por descoletivização ou anticorrupção, mas está registrada no romance de Mo Yan *The Garlic Ballads* (As Baladas do Alho – em tradução livre).[21] Baseado em reportagens e entrevistas, o romance relata uma revolta de 1987 contra a queda do preço do alho, e a recusa do governo em comprar o excedente, depois de as autoridades locais terem incentivado os camponeses a especializarem-se no alho e embolsarem os subsídios estatais, junto com as taxas cobradas pelo cultivo comercial em vez do cultivo de grãos. Se esse caso pode servir como referência, a comercialização da agricultura naquele momento já estava entrelaçada com a corrupção estatal local, que se tornou o foco da resistência camponesa nos anos 1990.

---

[20] Também houve agitação camponesa durante a Revolução Cultural (1966-1968) e seus desdobramentos, mas parece ter tomado forma, principalmente, de disputas locais de facções. Algumas exceções são abordadas em Yiching Wu, *The Cultural Revolution at the Margins: Chinese Socialism in Crisis*, 2014.

[21] Traduzido por Howard Goldblatt, 1995.

## Resistência à Desapropriação Estatal Local nos anos 1990 e início dos anos 2000

Foi durante esse período que muitos jovens camponeses começaram a migrar para cidades costeiras em busca de empregos temporários, incentivados pela desapropriação no campo e pelo aumento das oportunidades de emprego nas Zonas Econômicas Especiais, ambos ocorrendo exatamente quando os retornos da agricultura modernizada de pequenos lotes haviam atingido seus limites. As *lutas camponesas*, assim, bifurcaram-se em *lutas rurais* tratadas aqui, e nas lutas de *habitantes rurais como proletários*, incluindo conflitos na relação salarial e revoltas contra a exclusão social discutidos em "No Way Forward, No Way Back" (Sem caminho a seguir, sem caminho de volta, em tradução livre – publicado também nesta edição).

Apesar das frequentes notícias e de uma considerável literatura acadêmica, a única tentativa de fazer uma história abrangente das lutas rurais na China desde os anos 1980 são dois artigos de Kathy Le Mons Walker, publicados no final da década de 2000.[22] As seções a seguir concentram-se em resumir informações desses artigos, complementando-as com outras fontes e envolvendo-se criticamente com a análise de Walker.

Entre os diferentes alvos da resistência camponesa do final dos anos 1980 ao início dos anos 2000, a maioria poderia ser caracterizada como expropriação direta. Isso incluía: autoridades locais pagarem pelas colheitas não em dinheiro, mas com a emissão de notas promissórias que usavam os fundos para imóveis especulativos e negócios (...); quadros desviarem insumos destinados pelo Estado para a agricultura; quadros locais e de nível médio embolsarem os lucros das TVEs (empresa "coletiva" dos cantões e aldeias); quadros locais imporem uma série de multas, taxas e impostos "ilegais" ou "não contabilizados" para pagar por projetos de "desenvolvimento"

---

[22] "'Gangster Capitalism' and Peasant Protest in China: The Last Twenty Years", *Journal of Peasant Studies*, 2006; "From Covert to Overt: Everyday Peasant Politics in China and the Implications for Transnational Agrarian Movements", *Journal of Agrarian Change*, 2008.

e/ou para uso pessoal; o confisco forçado de terras, pertences e alimentos de camponeses que não podiam ou não pagariam impostos e taxas extras; a expropriação de terras aráveis sem indenização adequada (para rodovias, incorporação imobiliária e uso pessoal, ou para atrair investidores industriais através da criação de "zonas de desenvolvimento"); quadros corruptos distribuem fertilizantes químicos, pesticidas, sementes e outros suprimentos de qualidade inferior e falsos; e, afinal, a poluição do abastecimento de água local por projetos desenvolvimentistas, o que não apenas contrariou os camponeses, mas também afetou a produção agrícola.

Essa expropriação não era mera "corrupção", como tanto o Estado chinês quanto os críticos liberais em geral descrevem.[23] Em alguns casos, assemelha-se à "acumulação primitiva" protocapitalista no sentido clássico de Marx, porque desempenhou um papel fundamental na transição para o capitalismo.[24] Em outros casos, sobretudo em tempos mais recentes, essa expropriação pode ser melhor compreendida como uma "acumulação por desapropriação", em específico capitalista no sentido de David Harvey – a categoria preferida de análise de Walker.[25] Ela transferiu produtos do trabalho camponês para empresas capitalistas e a infraestrutura necessária para sua operação. Também tomou a forma de aluguéis capitalistas, em oposição aos aluguéis tributários e socialistas na China rural, antes da mercantilização. O investimento nesse

---

[23] Como ilustrado nas citações de Walker abaixo, às vezes seu relato combina confusamente análise materialista com a influente narrativa moralista de He Qinglian sobre "corrupção", "coalizões perversas" e "capitalismo gângster".

[24] Esta é a linha mais comum adotada por observadores marxistas, como Michael Webber, *Primitive accumulation in modern China*, 2008.

[25] Segundo Harvey *The New Imperialism*, 2003, "acumulação por desapropriação" usa expropriação direta (em vez de exploração através da relação salarial) como forma de diminuir o custo dos recursos para a produção capitalista durante períodos de baixa lucratividade. É uma técnica pela qual o capital tenta evitar as consequências de sua própria lei do valor (isto é, crise e desvalorização), violando ou burlando essa lei (isto é, roubando ou comprando recursos abaixo de seu valor com o auxílio da força do Estado). Parece semelhante à "acumulação primitiva", mas funciona de maneira diferente quando a produção capitalista já está bem estabelecida. Na China rural dos anos 1990, podia-se argumentar que ambas as formas de expropriação (acumulação primitiva e acumulação por desapropriação) ocorriam. Desde os anos 2000, a maior parte da expropriação rural pode ser melhor entendida como acumulação por desapropriação ou simplesmente luta de classes pelo salário social.

período, em geral, assumia a forma de TVEs "de propriedade coletiva", mas muitas delas funcionavam como sociedades anônimas com fins lucrativos, enquanto outras eram, em última instância, apropriadas por seus gerentes ou compradas a preços baixos por capitalistas. Durante a reintegração da China no mercado mundial nos anos 1990, essas TVEs privatizadas tornaram-se o veículo inicial através do qual o capital chinês e transnacional explorava os trabalhadores camponeses locais, e migrantes – o veículo de sua expropriação muitas vezes tornava-se a fonte de sua exploração.

## "Todo o poder aos camponeses"

Quando essa resistência camponesa à desapropriação começou no final da década de 1980, consistia principalmente em "vingança" em pequena escala (*baofu*), contra as autoridades locais e os novos ricos (que eram, em geral, a mesma pessoa ou família). Mais de 5.000 casos de resistência fiscal "violenta" foram relatados em 1987-1988, incluindo incêndio criminoso e assassinato de coletores de impostos.[26] Na década de 1990, tais ações começaram a assumir formas mais coletivas. Em 1993, por exemplo, 15.000 camponeses no distrito de Renshou, em Sichuan, participaram de uma revolta de seis meses contra impostos e taxas, na qual os participantes "bloquearam o tráfego, tomaram policiais como reféns, incendiaram carros de polícia, atacaram funcionários, causaram tumulto em escritórios do governo e marcharam em massa pelas ruas da cidade, montanhas, campos próximos e nas rodovias locais, carregando forcados, varas e cartazes."[27] Uma unidade do exército foi mobilizada caso os camponeses "derrubassem" o governo do distrito, quando a revolta seria redefinida como "rebelião" e esmagada "a todo custo".

No mesmo ano, em Anhui, 300 membros de um "Comitê Autônomo de Camponeses" atacaram um prédio do governo distrital, sequestraram funcionários e exigiram um corte de 50%

---

[26] Walker, 2006, p. 7.
[27] Ibid., p. 8.

nos impostos, a demissão de funcionários do cantão e a dissolução da milícia local. Em outros lugares da mesma província, mais de 2.000 camponeses de sete aldeias mobilizaram-se contra o uso de notas promissórias para pagar por produtos agrícolas, carregando cartazes com palavras de ordem como "Todo o poder aos camponeses!" e "Abaixo os novos proprietários dos anos 1990!".

Em resposta a essa agitação, aos poucos Pequim aumentou seus esforços para implementar a política de "governo autônomo das aldeias", anunciada em 1987. Isso referia-se à eleição democrática dos "comitês de aldeias" – a esfera mais rasa do governo, previamente designado pelo cantão (o nível mais baixo do governo *de jure*). A princípio, poucos camponeses demonstraram interesse nessas eleições, considerando-as pouco mais que uma formalidade, mas, em última instância, a ideia de democracia nas aldeias ajudou Pequim a retratar a si "como aliada e protetora dos interesses camponeses e, portanto, ajudou potencialmente tanto a minimizar a oposição às suas próprias políticas, quanto a sugerir que o verdadeiro problema está nas autoridades locais."[28] Ao mesmo tempo, as autoridades centrais tentaram regular a coleta local do Estado como parte de uma campanha para "aliviar o fardo dos camponeses". Em 1992, uma "Circular Urgente" proibiu as autoridades rurais de cobrar impostos e taxas acima de 5% da renda local média. No ano seguinte, uma nova Lei da Agricultura concedeu aos camponeses o direito de recusar o pagamento de taxas não autorizadas.

Por um lado, essas políticas podem ser vistas como um tiro que saiu pela culatra, já que o número de "incidentes de massa" registrados no campo teve um novo pico de 8.700 em 1993, e parece ter crescido quase todos os anos desde então. Essas políticas deram aos camponeses mais justificativa legal e moral para resistir a certas formas de extração. Para piorar a situação, as autoridades locais tentaram suprimir informações sobre as políticas e impedir sua implementação, dando, assim, aos camponeses outro motivo para se

---

[28] Walker, op. cit., p. 9.

rebelar. Mas, ao mesmo tempo, a campanha de Pequim para "aliviar o fardo dos camponeses", somada à política da democracia nas aldeias, acabou ajudando a conter a cólera dos camponeses, desviando-a de alvos de nível mais alto e mais sistêmicos para a corrupção local, também transformando o discurso anterior da "luta de classes", no enfoque reformista de "resistência baseada em políticas".[29] A partir de então, os camponeses – junto com os trabalhadores e outras populações subordinadas da China – começaram a articular sua resistência à expropriação em termos de "movimentos de defesa de direitos" (*weiquan yundong*), com frequência limitados à forma organizacional de "grupos de defesa de direitos".

No entanto, tal contenção demorou, e nunca foi total. A postura de Pequim de apoiar a "defesa dos direitos" combinou-se à crescente mercantilização da China e os progressivos antagonismos de classe, gerando formas mais militantes de ação camponesa nos primeiros anos após 1993. Esses anos foram caracterizados por "maior militarização e uma política abertamente insurgente, incluindo a formação de organizações dissidentes e forças paramilitares", como o "Exército Anticorrupção do Povo, Trabalhadores e Camponeses" de Chongqing.[30] Essa passagem parece ter atingido o pico por volta de 1997, quando rebeliões em quatro províncias, envolvendo entre 70.000 e 200.000 participantes cada uma, "atacaram prédios do governo, fizeram secretários do partido de reféns, queimaram veículos oficiais, destruíram estradas, tomaram o controle do cimento e fertilizantes do governo e, em pelo menos dois casos, apreenderam armas e munições". Outra forma que algumas das rebeliões mais militantes adotaram nos anos 1990 foi a das aldeias "paralisadas" ou "fugitivas", "onde os quadros locais eram assassinados e a administração rural cessou ou rejeitou totalmente a extração estatal e a implementação de políticas". Isso parece prenunciar a insurreição de Wukan em 2011. Contudo, examinando mais de perto, diferenças profundas entre esses dois tipos

---

[29] Esse quadro, praticado pelos camponeses chineses nos anos 1990 e início dos anos 2000, é explorado em Kevin O'Brien e Liangjiang Li, *Rightful Resistance in Rural China*, 2006.

[30] Walker, 2008, p. 470.

de conflito revelam o quanto mudou na China rural em apenas uma geração – transformações geradas não apenas pelo desenvolvimento capitalista, mas também pela segunda leva de respostas do Estado à crise rural.

## A Resposta

Esta segunda leva começou em 1998, quando Pequim revisou as regulamentações de 1987 sobre o "governo autônomo das aldeias", para promover a "tomada de decisão democrática" em nível local.[31] Ao mesmo tempo, no entanto, as autoridades centrais "fortaleceram o papel dos comitês partidários locais a que os funcionários das aldeias respondem", enquanto implementavam um programa de aumento da repressão, que "descartava a tolerância que haviam demonstrado nas décadas de 1980 e 1990 com protestos rurais, que permanecessem em pequena escala, visassem apenas líderes locais e não assumissem forma política explícita."[32] Este novo programa incluía "maior uso da polícia armada, tropas paramilitares,[33] gás lacrimogêneo e outras armas, além de prisões mais frequentes", junto com "a formação de unidades de choque especializadas e altamente armadas, estacionadas em 36 cidades, e a criação de 30.000 novas delegacias nas áreas rurais, tanto para controle, quanto para vigilância."

Em 2000, quando o "aprofundamento" da democracia das aldeias provou ser uma recompensa de legitimidade insuficiente para contrabalançar a punição da crescente repressão, Pequim lançou uma nova "linha estratégica" para corrigir o desequilíbrio entre o desenvolvimento urbano e rural, anunciando que "proteger

---

[31] Walker, 2006, p. 13.
[32] Walker, 2008, p. 471-472.
[33] Com "tropas paramilitares", Walker refere-se à Polícia Armada do Povo (武警). Administrativamente, são separados tanto do sistema policial regular (sob tutela do Ministério de Segurança Pública) e das forças armadas (comandado pelo Exército de Libertação Popular - ELP), sendo os principais responsáveis por suprimir "incidentes de massa", tendo a polícia de choque como um de seus ramos. Seguimos a convenção de chamá-los de "polícia armada", já que "paramilitar" pode ser confundido com as organizações paramilitares dos próprios camponeses, e isso também implica um grau de militarização maior do que parecem ter (em comparação com a Guarda Nacional dos EUA, por exemplo). Em 1989, foi o ELP e não a polícia armada que reprimiu o movimento democrático.

os 'direitos' dos camponeses havia se tornado alta prioridade". Essa mudança começou provisoriamente com uma reforma adicional dos impostos e taxas rurais, culminando em sua completa abolição em 2006. No mesmo ano, Pequim lançou uma ampla campanha de desenvolvimento rural chamada "Novo Campo Socialista" (NCS) como peça central do 11º Plano Quinquenal da China. Na prática, essa campanha e os programas que emergiram dela acabaram facilitando uma maior desapropriação da população rural, através de sua realocação forçada para ceder lugar a projetos de construção e industrialização agrícola.[34] Entretanto, outro aspecto importante do NCS era, sem equívoco, conciliatório: uma ampla gama de subsídios rurais e programas de assistência social, incluindo seguro de pensão social, subsídio mínimo de subsistência e maior apoio estatal à saúde e educação rurais.

Essa mudança na estratégia desenvolvimentista do Estado coincidiu com a "terceira onda" chinesa pós-Mao de debates intelectuais e ativismo em relação ao papel dos camponeses no desenvolvimento chinês.[35] As três ondas (a primeira centrada na descoletivização da agricultura no início dos anos 1980, a segunda nas TVEs no início dos anos 1990) diziam respeito a questões como: "O campesinato vai desaparecer, integrar-se em um novo capitalismo chinês, ou formar uma classe excluída, marginalizada e continuamente turbulenta?". A princípio, a maioria dos intelectuais abordava o problema em termos de "fardo dos camponeses", limitado a impostos e taxas "excessivos" causados pela corrupção de autoridades locais. De forma gradual, formou-se uma análise mais sofisticada, como a teoria de Wen Tiejun do "problema rural em três dimensões" (*sannong wenti*): camponeses, aldeias e agricultura. De acordo com Wen – uma figura proeminente entre os intelectuais da "Nova Esquerda" da China pós-1989 – o ponto crucial desse problema era a mercantilização da terra, do trabalho e do dinheiro, após três décadas de "acumulação primitiva socialista" (industrialização alimentada pela extração estatal de excedentes do

---

[34] Para mais detalhes sobre o NCS, ver Kristen Looney, *The Rural Developmental State: Modernization Campaigns and Peasant Politics in China, Taiwan and South Korea*, 2012.

[35] Alexander Day, *The Peasant in Postsocialist China: History, Politics, and Capitalism*, 2013, p. 6.

trabalho camponês), condicionada pela posição semiperiférica da China no mundo moderno.[36]

Sobre essa base intelectual, surgiu a "Nova Reconstrução Rural" (NRR), movimento social visto como uma alternativa ou um complemento às respostas do unipartidarismo à agitação camponesa. A NRR procurou canalizar essa inquietação para projetos "construtivos", que visavam reverter a dissolução das comunidades das aldeias e o fluxo de jovens para a cidade – projetos como cooperativas camponesas, outras redes de comercialização e atividades "culturais" (trupes de artes performáticas, clubes de idosos etc.).[37] Ainda que esses projetos tenham, sem dúvida, desempenhado um papel positivo para a fração de camponeses envolvida neles – aumentando a renda e mitigando, de leve, a devastação ecológica com as cooperativas de agricultura orgânica, por exemplo –, eles progrediram pouco em impedir a fuga de jovens da população rural ou em reanimar comunidades para as quais os jovens estariam dispostos a retornar ou poderiam fazê-lo.

Tanto a NRR quanto o NCS também responderam aos temores de que a China estaria encaminhando-se para uma recessão ou algo pior, após a crise financeira asiática de 1997, com instabilidade crescente na economia mundial após 1999, e sinais de que a capacidade produtiva da China estava superando sua demanda efetiva. Além de eliminar os impostos rurais e melhorar o sistema previdenciário, uma grande preocupação das novas políticas como o NCS foi a de aumentar o consumo rural, subsidiando a compra de eletrodomésticos e melhorando a infraestrutura, com a construção e ampliação de estradas. Isso, além de transferir a população rural para complexos habitacionais mais modernos, e, assim, também liberar terras para serem utilizadas para a agricultura capitalista ou empreendimentos imobiliários.

---

[36] Wen Tiejun, *Centenary reflections on the "three dimensional problem" of rural China*, 2001. Alexander Day, 2013, faz uma análise desses escritos e sua influência tanto na política estatal como no ativismo popular.

[37] Sobre o NRR, ver Alexander Day, 2013, capítulo 6, e Matthew Hale, *Reconstructing the Rural: Peasant Organizations in a Chinese Movement for Alternative Development*, 2013.

## Conflitos de Terra nos anos 1990 e início dos anos 2000

A sucessão de grilagem de terras, que os críticos chamam de "movimento de cercamentos" contemporâneo da China (*quandi yundong*), remonta ao período em que Pequim iniciou o relaxamento das políticas de gestão da terra, a partir do final dos anos 1980 e do subsequente "frenesi de cercamentos", nas Zonas Econômicas Especiais litorâneas como Shenzhen. No início dos anos 1990, 90% de todo o Investimento Estrangeiro Direto fluía para este novo mercado de terras, disponibilizado-as depois que as autoridades locais despejavam camponeses, arrendando-as para desenvolvimento industrial e comercial.[38] No final dos anos 1990, esse "frenesi" avançou para o interior, devido à combinação de urbanização acelerada, ao desenvolvimento do novo mercado imobiliário chinês e às crescentes restrições de Pequim sobre impostos e taxas rurais, o que levou os governos locais a vender terras como uma fonte alternativa de receita.

Como resultado, 1,8 milhão de hectares de terra arável foram perdidos para empreendimentos entre 1986 e 1995, seguido por 8 milhões de hectares entre 1996 e 2004, segundo dados oficiais. Walker calcula que, durante essas duas décadas, cerca de 74 milhões de domicílios camponeses podem ter sido afetados pela grilagem de terras – cerca de 315 milhões de indivíduos.[39] O estudo recente mais rigoroso, do sociólogo Zhang Yulin, estima que entre 1991 e 2002, 62 milhões de camponeses perderam suas terras (uma média anual de 5 milhões), seguido por 65 milhões entre 2003 e 2013 (uma média anual de 6 milhões) – 130 milhões de pessoas em 22 anos.[40] Mesmo de acordo com a estimativa mais modesta, isso equivalia a "um 'movimento de cercamentos' sem precedentes em todo o mundo".

A grilagem de terras começou a eclipsar outras formas de

---

[38] Walker, 2008, p. 471-472.
[39] Ibid.
[40] Zhang Yulin, "Land Grabs in Contemporary China," traduzido no blog Nao em 2014 e reproduzido no blog Chuang.

desapropriação, na medida em que estas últimas declinaram após a combinação de políticas estatais pró-população rural e a liquidação de outros recursos coletivos (TVEs etc.), no final dos anos 1990 e início dos anos 2000. A ação coletiva camponesa, portanto, focou-se cada vez mais nos conflitos de terra. Alguns deles eram bastante militantes, mas como a terra é propriedade coletiva nesse nível, eles raramente avançaram além de uma dada aldeia, em contraste com as lutas anticorrupção dos anos 1990. Da mesma forma, conforme os governos central e local tornaram-se mais experientes em implementar a grilagem de terras, por meios que minimizassem a resistência, e conforme a vida da população rural focava-se nas atividades na cidade, mais dessas lutas desenvolveram o caráter de negociação pelo preço da terra, que a maioria dos habitantes queria vender de qualquer forma, em oposição às tentativas de manter a terra para uso camponês e a reprodução das comunidades das aldeias.

Walker[41] relata um conflito de três anos na aldeia de Shanchawang, Shaanxi, como sendo típico da resistência camponesa do início dos anos 2000: "No final de 2002, depois de o governo local tomar parte das terras dos moradores e eles descobrirem que os funcionários do governo a arrendaram por 50 vezes mais do que eles tinham recebido, quase 800 deles bloquearam a construção de uma zona de empreendimentos no terreno", organizando 16 equipes para ocupar o terreno alternadamente, até que a polícia e 300 trabalhadores da construção civil chegassem e os expulsassem. Um ano depois, a mesma coisa ocorreu, mas dessa vez centenas de moradores "tomaram a sede local do Partido Comunista e ocuparam o complexo murado por cinco meses". Mesmo depois dessa ação sustentada e bastante turbulenta, no entanto, no final, "seus esforços não produziram nenhum resultado positivo e, no fim, o governo enviou 2.000 soldados paramilitares para remover à força os manifestantes e prender os líderes".

Os governos locais fizeram uso crescente de redes criminosas para fazer seu trabalho sujo, e Pequim "armou soldados

---
[41] Walker, op. cit., p. 474.

paramilitares com balas reais em vez de balas de borracha", levando a mais repressões violentas. Em 2005, por exemplo, na aldeia de Shangyou, em Hebei, "com a aprovação das autoridades locais, uma empreiteira enviou 300 capangas com capacetes, rifles de caça, canos de metal e pás para remover os moradores ocupavam terras que haviam sido apropriadas pelo governo local". Os capangas atiraram em mais de 100 moradores, matando seis deles.[42] Ainda no mesmo ano, na aldeia de Dongzhou, na prefeitura de Shanwei, em Guangdong, policiais armados foram enviados para dispersar uma ocupação semelhante contra a apropriação de terra e faixa litorânea, para construir uma usina de energia. Alega-se que os moradores responderam jogando coquetéis molotov. A polícia disparou e matou entre três e vinte moradores nesse evento que a mídia chamou de "Massacre de Shanwei", em referência ao Massacre da Praça da Paz Celestial de 1989.[43]

Em 2003, em resposta a esses conflitos, concomitante às preocupações de que a perda de terras agrícolas ameaçaria a segurança alimentar da China, Pequim lançou uma série de políticas destinadas a controlar o confisco de terras. Começou limitando o número de zonas de empreendimento e reprimindo requisições ilegais de terras, e, em 2004, estabeleceu uma espera de seis meses em todas as conversões "não urgentes" de terras agrícolas para uso não agrícola, emitindo regulamentações que exigiam que novas conversões fossem aprovadas por autoridades de nível mais alto.[44] Como nas campanhas anteriores contra a corrupção, no entanto, essas reformas parecem ter tido pouco efeito. Em última instância, elas aumentarem o preço da terra e forçarem os governos locais a elaborar alternativas engenhosas. De acordo com o Ministério da Terra e Recursos, houve 168.000

---

[42] Walker, op. cit., p. 474.

[43] Pode ser mais do que uma coincidência que a aldeia de Wukan também fique em Shanwei, parte da região de Chaoshan de língua não-cantonesa, que é mais pobre e mais rural do que o pesadamente industrializado Delta do Rio das Pérolas, onde a maioria dos rurais de Chaoshan trabalham. No wickedonna.blogspot.com (que registra relatos de incidentes de massa na blogosfera chinesa), Shanwei resulta em um número desmedido de registros comparado a outras partes da China.

[44] Ibid.

negociações ilegais de terras em 2004. Em 2006, o primeiro-ministro Wen Jiabao "admitiu abertamente que confiscos ilegais sem indenização adequada ainda eram uma fonte chave, tanto de instabilidade, quanto de revoltas no campo."[45] Em 2007, Pequim aprovou uma lei que limita as condições para a venda (tecnicamente, locação de longo prazo) de terras agrícolas, e proíbe a venda de terras rurais com habitações camponesas (*zhaijidi*). Porém, Walker conclui, "parece que essas regulamentações terão pouco efeito para deter 'alianças perversas' de funcionários do governo e incorporadoras, em desapropriações ilegais ou seu uso de força bruta para realizá-las."[46]

Somada à regulamentação de 2007, havia uma "linha vermelha" estabelecendo um mínimo de 120 milhões de hectares de terras aráveis para a China, por preocupação com a segurança alimentar.[47] No entanto, no ano anterior, a abolição gradual da maioria dos impostos e taxas rurais foi concluída, e isso apenas incentivou as autoridades locais a procurar fontes alternativas de renda, que, em geral, provinham das terras. Pequim tentou compensar essa perda de receita para os governos locais, aumentando sua alocação orçamentária e fundindo departamentos para reduzir pessoal, mas as medidas não fizeram nem um arranhão na tendência dominante. Essa pressão apenas aumentou, na medida em que os empréstimos maciços dos governos locais começaram a vencer, com uma dívida totalizando 2,8 trilhões de dólares em 2013 – forçando Pequim a estabelecer um limite de 2,5 trilhões de dólares para os empréstimos de governos locais em 2015.[48] Esses foram elementos centrais do pacote de estímulos pós-2008 de Pequim, lançado após 23 milhões de trabalhadores de áreas rurais perderem seus empregos na crise financeira.

---

[45] Ibid.
[46] Walker, op. cit. Em contraste com a abordagem materialista de Walker, aqui ela adota o termo "alianças perversas", da concepção de He Qinglian de expropriação, como uma questão moral em vez de uma função sistêmica da necessidade de reprodução expandida do capital, enquanto a China se torna cada vez mais sujeita à lei do valor.
[47] McBeath e McBeath, *Environmental Change and Food Security in China*, 2010, p. 70.
[48] "China Places Cap on Local Government Debt", *Wall Street Journal*, 2015.

Um tanto ironicamente, muitos governos locais encontraram uma solução na própria campanha do NCS de Pequim, também lançada neste momento com o objetivo de "aliviar o fardo dos camponeses", e aumentar sua incorporação na economia de mercado, promovendo o consumo rural. Apesar da ampla variedade de projetos incluídos nas diretrizes oficiais do NCS, os governos locais concentraram-se em aspectos que poderiam gerar receita (tanto legal quanto ilegalmente), e o mais lucrativo tem sido a continuação da grilagem de terras e empreendimentos imobiliários – agora entendido como provedor de melhores moradias para a população rural, mas, não raro, incluindo residências adicionais para venda a citadinos ricos, assim como resorts turísticos, fábricas e fazendas capitalistas ou "cooperativas" (todas retratadas, é claro, como formas de gerar renda para os moradores locais). Embora Pequim continuasse a restringir as transferências de terras e tentasse desinchar a bolha imobiliária, a venda de terras e os impostos sobre transações imobiliárias representavam algo entre 30% e 74% da receita do governo local durante a maior parte da década passada (mais de 10% no final dos anos 1990). Isso aumentou 45% em 2013, e espera-se que cresça ainda mais nos próximos anos, conforme mais empréstimos governamentais vençam. As únicas exceções serão as poucas localidades capazes de se beneficiar da fuga da manufatura para o interior e do desenvolvimento da agricultura industrializada em larga escala e extração de recursos.[49]

A "linha vermelha" de Pequim aparentava impedir tais projetos, mas as autoridades locais uniram-se a empreiteiras para superar o obstáculo, inventando uma nova mercadoria: o "direito de construir". As empreiteiras podem converter terras agrícolas em "terra para construção" se pagarem pela

---

[49] Liyan Qi, *Hard Landing Ahead for China's Local Governments?*, 2013; Sandy Li, *Record land sales revenues leave local governments worried about further property curbs*, 2014; Liyan Qi, *Swelling Debt Spreads Among China's Local Governments*, 2014; "Worries grow as China land sales slump", *Financial Times*, 2012.

criação de uma quantidade equivalente de terras agrícolas em outros lugares. Isso é muitas vezes feito movendo camponeses de suas antigas casas para novos complexos de arranha-céus, ocupando menos área por pessoa e, em seguida, convertendo os antigos lotes residenciais em terras agrícolas. Cada unidade de terras agrícolas assim criada dá ao governo local um direito que pode então ser vendido a empreiteiras, de forma semelhante ao crédito de carbono.[50] Ou como um funcionário de prefeitura descreveu o esquema:

> Tenho aqui um total de um milhão de camponeses. Vou usar de três a cinco anos para demolir essas aldeias, porque esse um milhão de camponeses está ocupando cerca de [70.000 hectares] de potenciais canteiros de obras, então, empurrar um milhão de camponeses para os arranha-céus liberaria [50.000 hectares] de terra..."[51]

Tais esquemas espalharam-se por toda a China em 2010 e, de acordo com um levantamento de 18 províncias em 2011, 20% da população rural foi, assim, "empurrada para os arranha-céus" (*beishanglou*).[52]

## Grilagem persistente e resistência desde meados de 2000

Soluções alternativas como essa permitiram que a "epidemia de grilagem" não só continuasse, mas que, de fato, aumentasse desde as reformas do início e meados dos anos 2000, a despeito da resistência camponesa. De acordo com uma série de pesquisas realizadas entre 1999 e 2011, envolvendo 1.791 domicílios rurais de 17 províncias, "houve um crescimento constante desde 2005 no número de 'tomadas de terras' ou aquisições estatais compulsórias", afetando 43% das aldeias pesquisadas e uma estimativa

---

[50] Sobre direitos de empreendimento nas terras e empreendimento imobiliário no âmbito do NCS, ver Looney, 2012, e Wang Hui, Ran Tao e Ju'er Tong, *Trading Land Development Rights under a Planned Land Use System*, 2009.

[51] Zhang Yulin.

[52] Ibid.

de 4 milhões de moradores de áreas rurais por ano em toda a China.[53] "A indenização média que o governo local pagou aos agricultores foi de quase 17.850 dólares por acre", enquanto o preço médio pelo qual as agências governamentais venderam a terra para as empreiteiras foi de 740.000 dólares por acre – mais de 40 vezes o que os moradores receberam. "Quando os agricultores são realocados ou 'urbanizados', apenas um pouco mais de 20% ganharam um *hukou* urbano ou registro; 13,9% recebeu cobertura previdenciária urbana; 9,4% recebeu seguro saúde e apenas 21,4% teve acesso a escolas para seus filhos."[54] O estudo mais extenso de Zhang Yulin dá uma estimativa ainda maior para o número de habitantes rurais afetados por requisições de terra: 6 milhões por ano, em média, entre 2003 e 2013, acima dos 5 milhões anuais dos 12 anos que antecederam.[55]

As autoridades locais tornaram-se mais experientes em seus esforços para minimizar a resistência. Começaram, por exemplo, a espaçar a grilagem de terras ao longo do tempo, dando aos moradores ações em empreendimentos que ocupam suas terras e usando o novo mercado de direitos de construir na terra para financiar a construção de arranha-céus para a população rural – o que muitos desses preferem porque são mais "modernos", ainda que, em geral, exijam que deixem a agricultura de subsistência para passar a comprar a maior parte do que consomem, entre outras mudanças de estilo de vida. No entanto, a resistência rural parece também ter aumentado ao longo desse período, no qual 65% dos 180.000 "incidentes de massa" estimados em 2010 envolveram conflitos por terra, de acordo com um estudo amplamente citado.[56] Poucos dados comparáveis estão

---

[53] Essas cinco pesquisas foram conduzidas conjuntamente pelo Instituto de Landesa, pela Universidade Renmin e pela Universidade Estadual de Michigan, no *6th China Survey*. As citações são do resumo de 2012 de Elizabeth Economy, *A Land Grab Epidemic: China's Wonderful World of Wukans*.

[54] *Economy*, 2012.

[55] Zhang Yulin.

[56] *Economy*, 2012, e muitos outros relatórios retiram esse número (65% de 180.000 incidentes de massa em 2010) de um estudo do sociólogo Sun Liping, resumido em inglês como *China's Challenge: social disorder*, 2011. Outro relatório, da Academia Chinesa de Ciências Sociais, diz que apenas 22% dos 871 incidentes entre 2000 e 2013 foram "protestos contra aquisições de terras e demolições forçadas"; Hou Liqiang, *Report identifies sources of mass protests*, 2014.

disponíveis após 2010, mas a pesquisa de Zhang Yulin estima que houve de 45.000 a 83.000 incidentes desse tipo em 2011, "incluindo vários milhares de casos de confrontos violentos diretos, seguidos por um número de mortes na casa dos milhares."[57] É um aumento na faixa de 14.000 a 26.000 lutas contra a grilagem de terras comparado a 2003, com a tendência crescente desde 2013 e, segundo ele, "sem desfecho à vista".

É complicado comparar os números acima, com base em registros oficiais e metodologias mais rigorosas, com dados de microblogues chineses, mas os últimos são a única fonte disponível desde 2011. Um grupo com o nome de usuário Wickedonnaa no Twitter vem arquivando relatórios on-line de incidentes de massa desde 2013 e, recentemente, calculou estatísticas detalhadas de 2015 em comparação com 2014. Elas, na verdade, sugerem um *declínio* nas lutas rurais em relação às urbanas, nos últimos anos, e um aumento nas questões ambientais[58] como uma das principais fontes de conflitos rurais, ao lado dos confiscos de terras e desvio de fundos públicos pelos funcionários. Dos 28.950 incidentes de massa registrados em 2015 (um aumento de 34% em relação a 2014), apenas 10,4% (3.011 casos) envolveram "camponeses". As principais causas foram a grilagem de terras, demolição de moradias, desvio de dinheiro e poluição ou destruição ambiental. Essa categorização é complicada, no entanto, uma vez que 9,1% dos incidentes são classificados como "desconhecidos", algumas das outras categorias incluem tanto incidentes urbanos, quanto rurais, ou até mesmo sobrepõem-se a conflitos rurais por terra. É importante notar que esses dados pendem para os incidentes urbanos devido à clivagem digital, já que as pessoas que vivem nas cidades são muito mais propensas a postar em microblogues. Por

---

57 Zhang Yulin, op cit.
58 Da mesma forma, uma reportagem de 2013 alega que os protestos ambientais superaram os conflitos por terra como a "principal causa de agitação social" na China, mas a afirmação se baseia apenas no comentário de um funcionário aposentado do PCCh, então deve ser tratada com cautela: *Chinese Anger over Pollution Becomes Main Cause of Social Unrest*, 2013. De qualquer forma, os dois tipos de agitação continuaram e talvez tenham aumentado na última década, e a população rural teve papel importante em ambos.

outro lado, as manifestações rurais registradas pelo Wickedonnaa envolvem, em média, centenas de pessoas, em contraste com cem ou menos participantes na maioria das manifestações urbanas, e a repressão policial tende a ser muito mais brutal. De qualquer forma, um declínio na proporção de lutas rurais e a diversificação de suas causas condiz com o declínio das terras rurais disponíveis para confisco e a crescente orientação de domicílios rurais inteiros para a vida e lutas urbanas.

## Uma espiral crescente de... o quê exatamente?

Walker retrata conflitos de terra desde meados dos anos 2000 como "uma espiral crescente de violência e resistência", que "teve um impacto mais profundo do que os abusos de impostos e taxas", no sentido de que "as apreensões destroem os meios de subsistência e base para a sobrevivência dos camponeses".[59] Porém, entre as centenas de milhares de conflitos agrários da última década, apenas uma pequena e decrescente fração voltou-se especificamente contra a questão da grilagem, sendo que quase nenhum desses conflitos reivindicavam a agricultura familiar enquanto fim. Na esmagadora maioria dos casos, para os quais há detalhes disponíveis, eles eram meras negociações sobre o preço de terras que muitos moradores já haviam abandonado ou, em todo caso, não consideravam mais como sua "base para a sobrevivência". Em alguns casos, isso pode ser explicado como um sinal de desespero dos camponeses em face da força estatal, muitas vezes complementada pela força bruta: talvez preferissem ficar com suas terras, mas sentiram que tal demanda seria inútil ou muito menos provável de ter sucesso do que a demanda por uma indenização maior. No entanto, vários casos sugerem o contrário.

No exemplo mais extremo,[60] em 2011, camponeses de Anhui recorreram ao governo local porque as autoridades de suas

---

[59] Walker, 2008, p. 474.

[60] Este evento e outros descritos abaixo (para os quais não é dada nenhuma fonte) foram testemunhados pessoalmente.

aldeias *não se apropriaram* de suas terras: sentiram-se trapaceados porque os moradores rurais que perderam suas terras receberam novas moradias e indenização monetária. É significativo que isso não tenha ocorrido nos arredores de uma grande cidade, onde a maioria dos moradores já abandonou o cultivo, e a terra tem um valor maior para a indústria ou empreendimentos imobiliários do que para a agricultura. Isso ocorreu em uma aldeia relativamente pobre, onde a maioria dos domicílios ainda complementa o dinheiro enviado por membros migrantes da família com cultura de subsistência e venda. O projeto de desenvolvimento não estava relacionado à expansão urbana ou investimento, era apenas um esforço das autoridades da aldeia para se beneficiar da campanha do NCS com a venda de direitos de construir nos terrenos. Os camponeses que se manifestavam ainda valorizavam suas terras agrícolas como um complemento à sua baixa e instável renda, mas teriam perdido apenas parte dela no projeto de empreendimento, e valorizavam mais a indenização.

Um exemplo típico envolve dois conflitos relacionados em uma cidade ainda mais pobre e remota em uma parte montanhosa de Guizhou (a província mais pobre da China), onde quase todos os jovens adultos viviam fora da cidade na maior parte do tempo.[61] O primeiro ocorreu quando o governo da prefeitura construiu uma estrada atravessando a aldeia, ligando a capital prefeitural a um antigo aeroporto militar que estava sendo convertido para uso civil, dentro de um projeto desenvolvimentista da província. Inúmeros moradores, jovens e mais velhos, consideravam a construção uma bênção, pois achavam que traria clientes para lojas que poderiam abrir à beira da estrada e, possivelmente, até fábricas na cidade vizinha, permitindo que tivessem trabalho assalariado sem ter que viajar vários dias para cidades costeiras. No entanto, enquanto, numa tarde, alguns moradores discutiam as virtudes dessa nova estrada, seus vizinhos de repente os

---

[61] Mais de 500 chegaram em suas cidades natais – principalmente do litoral de Guangdong – após a crise financeira de 2008, mas quase todos encontraram novos empregos em um ano, muitos nas cidades menores em rápido desenvolvimento nas proximidades.

chamaram para um morro próximo, para ajudarem a bloquear uma escavadeira, impedindo-a de cavar pedras para uso na construção da estrada. Descobriu-se que a queixa dos moradores não era contra a estrada ou mesmo a destruição de suas terras em si, mas contra perturbar o morro em particular, que acreditavam possuir significado geomântico (relacionado ao *fengshui*). Vários meses depois, quando o governo do cantão ocupou maiores parcelas de suas terras – incluindo algumas das já poucas terras planas da montanhosa aldeia – para alugar ao empreendimento imobiliário, os moradores buscaram apenas um aumento na indenização (com sucesso, dessa vez).

## Wukan, Wukan![62]

Um dos poucos conflitos recentes em que os moradores se opuseram ao confisco de terras propriamente dito, foi também o conflito rural mais divulgado da China da última década, e talvez um dos maiores levantes de "agricultores" (como a maioria das reportagens coloca) desse período: a revolta de 2011 da cidade de Wukan. Wukan (com 13.000 habitantes) fica no distrito costeiro de Lufeng, da prefeitura de Shanwei, Guangdong.[63] Em 2009, os moradores já haviam começado a prestar queixas aos governos locais e provinciais, quando souberam que o Comitê da Aldeia de Wukan (equivalente a um governo em nível da aldeia) estava em associação com a Corporação de Desenvolvimento Industrial do Porto de Wukan. O CEO era um capitalista de Hong Kong e membro do Congresso Popular de Guangdong. Seu vice-presidente

---

[62] "Wukan, Wukan!" é o título de um documentário sobre essa luta, feito por Zhuang Liehong e outros moradores, discutido na entrevista com Zhuang abaixo. Nosso relato aqui é baseado nesse filme e entrevista, conversas com um observador que visitou Wukan durante a luta e fontes secundárias, das quais as mais úteis foram: Shenjing He e Desheng Xue, *Identity Building and Communal Resistance against Landgrabs in Wukan Village, China*, 2014; e Keegan Elmer, *Battle lines in the Chinese Blogosphere: Keyword Control as a tactic in managing mass incidents*, 2012.

[63] Desde 1993, Lufeng tem sido oficialmente designada como "cidade (nível distrital)" (*xianji shi*) e Shanwei como "cidade (nível prefeitural)" (*diji shi*). Usamos os termos mais antigos porque refletem com mais clareza a hierarquia administrativa. A mudança de terminologia é significativa, no entanto, já que reflete a extensão em que a área se urbanizou nas últimas duas décadas, tornando Wukan um alvo importante do desenvolvimento comercial (somada à sua localização na costa). Wukan fica apenas a 5 km da área urbana central de Lufeng.

havia sido o secretário do partido por Wukan desde 1970 e seus gerentes gerais também eram membros de longa data do Comitê da Aldeia de Wukan. Os moradores alegaram que essas duas entidades sobrepostas haviam arrendado 80% das terras agrícolas de Wukan para projetos de empreendimentos privados – incluindo um hotel, moradia de luxo e um parque industrial – sem os consultarem desde 1993, desviando pelo menos 700 milhões de yuans (110 milhões de dólares) que, legalmente, deveriam ser divididos entre os moradores, que receberam apenas 550 yuans (87 dólares) cada.

Em 2009, um pequeno grupo de jovens locais – incluindo o lojista migrante Zhuang Liehong (cuja entrevista está incluída nesta edição) – começou a investigar o que estava acontecendo com suas terras. Eles formaram um grupo chamado "Liga de Jovens Patriotas de Sangue Quente de Wukan", imprimindo carteirinhas de membros e fazendo juramentos de "levar uma vida moral, amar o país e lutar pela democracia e pela justiça."[64] Entre 2009 e março de 2011, eles apresentaram pelo menos três requerimentos ao governo do distrito, e seis ao governo da província, e nunca receberam nenhuma resposta. Fizeram vídeos sobre suas investigações e abaixo-assinados, tentando gerar apoio entre os demais moradores.

No início, esses esforços caíram em ouvidos moucos. "Até o evento de '921' [21 de setembro de 2011], a maioria dos moradores não tinha ideia de como, quando e quanto de suas terras tinham sido vendidas e por qual preço."[65] Isso ocorreu em parte porque, como Zhuang observa em sua entrevista, a agricultura nunca havia constituído mais do que metade do sustento dos moradores das aldeias, e, desde a década de 1990, a economia de Wukan tornou-se cada vez mais centrada nas remessas do trabalho assalariado e dos negócios dos migrantes. "Os peões de Wukan eram jovens imersos nas batalhas do trabalho migrante do cinturão fabril do Delta do Rio das Pérolas", a cerca de 200 quilômetros de distância.[66] No

---

[64] James Pomfret, *Freedom fizzles out in China's rebel town of Wukan*, 2013.

[65] He e Xue, 2014, p. 130.

[66] Pomfret, 2013.

entanto, quando o setor fabril de Guangdong, centrado em exportações, começou a declinar, mais famílias da aldeia ficaram preocupadas com o desaparecimento de seus campos de previdência. Em 20 de setembro de 2011, diversos moradores notaram uma equipe de construção limpando terrenos próximos à entrada de Wukan:

"[Os trabalhadores da construção] disseram que estavam trabalhando para [Country Garden, uma grande construtora privada de imóveis] e que o terreno havia sido vendido para eles. Era a última grande extensão de terra que restava na aldeia... [Nós] voltamos para a aldeia para fazer cartazes para começar um protesto.... Logo, o gongo usado por cada clã para convocar os aldeões foi tocado pela primeira vez em 40 anos."[67]

No dia seguinte, algumas dezenas de moradores locais marcharam até a sede do governo distrital (a cinco quilômetros de distância), e quando as autoridades não responderam, jovens aldeões começaram a fechar estradas, depredar edifícios e destruir os equipamentos em um parque industrial nas proximidades. A polícia respondeu batendo nos manifestantes com cassetetes e prendendo três deles. Um dia depois, centenas de outros moradores cercaram a delegacia, alguns com armas improvisadas, e uma luta foi travada com a polícia de choque e os capangas contratados, que feriram os manifestantes com gravidade, incluindo um garoto de nove anos. Em meio a essa tensão, o governo do distrito pediu que elegessem 13 delegados para negociar suas queixas.

Após dois meses de negociações, os delegados de Wukan sentiram que não tinha havido progresso, mas o governo anunciou em 3 de dezembro que "o conflito já havia entrado em fase de resolução".[68] No mesmo dia, a polícia deteve Zhuang, que estava distribuindo um manifesto que muitos consideravam essencial para o movimento. Os moradores responderam capturando vários funcionários do governo e mantendo-os como reféns até Zhuang ser solto. Em 9 de dezembro, as autoridades da prefeitura de Shanwei

---

[67] Entrevista de He e Xue, 2014, p. 130.
[68] Site oficial de notícias de Lufeng, citado em Elmer, p. 15.

intervieram, anunciando que haviam retirado os dois líderes partidários de Wukan de seus postos e congelado temporariamente a transferência de terras para o Country Garden. No mesmo dia, no entanto, vários delegados de Wukan foram levados por homens à paisana em um furgão sem identificação. Dois dias depois, um deles – Xue Jinbo, um açougueiro de 43 anos – morreu sob custódia policial. O médico legista do Estado declarou que a causa da morte foi insuficiência cardíaca, mas membros da família que foram autorizados a ver o corpo (mas proibidos de tirar fotos) disseram que observavam sinais de tortura. Conforme essa notícia se espalhou nos dias seguintes, os manifestantes expulsaram funcionários do governo e policiais da aldeia e fecharam as estradas que levavam à sede do distrito adjacente, Lufeng. Em 14 de dezembro, mil policiais armados cercaram Wukan, cortaram a água e eletricidade e bloquearam o fluxo de alimentos e suprimentos médicos. Os moradores (em parte com a ajuda de jornalistas) conseguiram, mesmo assim, entrar e sair de modo furtivo, contrabandeando suprimentos e participando de protestos em Lufeng.

Afinal, em 21 de dezembro, Zhu Minguo, vice-secretário do partido na província de Guangdong, foi ao local encontrar o líder da manifestação de Wukan, o empresário sexagenário recém-chegado e membro do partido Lin Zuluan. Zhu prometeu libertar os manifestantes detidos, reconhecer a eleição democrática de um novo Comitê da Aldeia e facilitar futuros diálogos sobre negociação das terras. A polícia se retirou, os manifestantes desmontaram suas barricadas, Lin foi nomeado o novo secretário do partido em Wukan. Os habitantes organizaram de forma independente a eleição de um novo comitê em 3 de março, elegendo Lin como presidente e outros líderes das manifestações para cinco das seis vagas restantes.

Em última instância, esse novo Comitê não conseguiu recuperar mais do que um quarto das terras roubadas de Wukan, em parte porque uma porção delas havia sido usada como garantia para empréstimos bancários pelas empresas que as ocupavam. Mais significativo aqui, no entanto, é que, quando mais de cem representantes aldeões eleitos democraticamente reuniram-se para discutir o destino de suas terras no final de 2012, a maioria votou para *não* retorná-las às suas funções agrícolas, mas deixá-las aos usos e planos comerciais existentes; a única diferença em relação ao *status quo* seria que cada morador recebesse uma parcela igual do aluguel, a qual tinham direito, legalmente, desde o início. As terras já haviam sido abandonadas anos antes, exceto pelas hortas usadas pelos idosos. A maioria dos habitantes mais jovens ainda passava a maior parte do tempo no Delta do Rio das Pérolas, no trabalho assalariado ou administrando pequenos negócios, e alguns, inclusive, trabalhavam no hotel e nas fábricas que agora ocupavam suas terras.

O fato de que um cerco policial poderia levar a cidade de Wukan a passar fome em poucos dias deveria ser uma pista de que essa não era uma "aldeia camponesa", nem no sentido parcial de autossuficiência: quase toda a comida e outras necessidades eram adquiridas fora de lá. A única atividade agrícola significativa de Wukan era a aquicultura comercial, realizada sobretudo por camponeses do interior da China que alugavam lotes de pesca na costa (*yuwei*) do coletivo da aldeia. Esse conflito, portanto, não pode ser entendido como uma luta dos camponeses contra a expropriação da "base de sua sobrevivência". No entanto, não era também apenas uma disputa entre proprietários de terras sobre como dividir o aluguel dos empreendimentos comerciais. Como Zhuang menciona em sua entrevista, o declínio da manufatura no Delta do Rio das Pérolas levou muitos jovens aldeões de volta a Wukan, onde estão tentando a sorte na aquicultura ou "roendo os idosos" (*kenlao*), vivendo às custas dos pais como solução temporária. O aluguel que deveriam ter recebido de suas terras coletivas representa, portanto, um complemento crucial para suas perspectivas precárias de manter um padrão de vida socialmente aceitável, depois de terem gasto todo o dinheiro que suas famílias tinham economizado em duas gerações de migração laboral. Isso ajuda a explicar por que tantos aldeões que ainda trabalham no Delta do Rio das Pérolas

– que, de outro modo, prestavam pouca atenção aos assuntos da aldeia – correram de volta para Wukan e arriscaram suas vidas, desempenhando papéis ativos na luta.

O retorno dos moradores das áreas urbanas para participar de uma luta rural e a participação de agricultores migrantes das províncias mais pobres que vivem em Wukan marcam exemplos raros que atravessam o tipo de divisão que normalmente limita o potencial explosivo desses protestos rurais. Além disso, algumas reportagens descreveram a Revolta de Wukan como "a centelha que incendiou a pradaria", inspirando ou encorajando pelo menos três das muitas rebeliões em outras aldeias e cidades por toda Guangdong, na mesma época.[69] Embora a entrevista de Zhuang enfatize por que os moradores de Wukan votaram *contra* "unir-se de alguma forma" com outras lutas rurais (medo de mais repressão violenta do Estado), o próprio fato de terem considerado e debatido essa opção aponta para o potencial de solidariedade prática entre as lutas rurais e urbanas no futuro.

## Wuhan, Wuhan!

No movimento de 2010 para proteger o Lago Leste em Wuhan, Hubei, houve um esforço para vincular um conflito de terras rurais com as ações propositadamente anticapitalistas urbanas. Segundo um relatório,[70] em dezembro de 2009, o governo de Wuhan assinou, em segredo, um contrato de longo prazo com a construtora estatal de empreendimentos imobiliários OCT (Overseas Chinese Town) por 211 hectares, incluindo 30 hectares da Reserva Ecológica do Lago Leste, no valor de 4,3 bilhões de yuans – o arrendamento mais lucrativo do ano, na Wuhan em franca expansão.

O projeto da OCT inclui um parque de diversões (Happy Valley) e áreas comerciais, hotéis e condomínios de luxo. (...)

---

[69] Por exemplo, Josh Chin, *Wukan Elections the Spark to Set the Prairie Ablaze?*, 2012. Elmer (p. 27) encontrou relatos de 11 incidentes de massa em outras aldeias e cidades de Guangdong por volta da mesma época, mas é cético em relação a conexões entre eles.

[70] China Study Group, *The Battle for East Lake in Wuhan*, 2010.

Duas aldeias e um local de pesca já foram despejados e demolidos, tendo começado logo após a assinatura do contrato em dezembro passado [2015], e uma terceira aldeia está em processo de despejo. Aldeões e trabalhadores da pesca afirmam que parte da indenização prometida pela OCT foi embolsada por funcionários do governo e, quando inquiriram a respeito disso, foram agredidos por capangas. A maioria dos inquiridores recuou, mas cerca de 50 famílias na terceira aldeia ainda estão resistindo. (...)

A principal preocupação dos críticos virtuais do projeto são as possíveis consequências ecológicas, uma vez que a poluição da água e o crescimento descontrolado de algas vêm aumentando rápido em toda a China nos últimos anos, deixando metade da população total e dois terços da população rural sem condições de acessar água potável. (...) Por fim, os críticos estão preocupados com a gentrificação, já que o projeto transformaria o lago e seus arredores, que é um local limpo e pacífico, onde qualquer um pode desfrutar do mundo natural de graça (...), em um resort caro, barulhento e artificial para os ricos.[71]

Os participantes urbanos desse movimento (incluindo pelo menos um de origem rural, que se identifica como "anarquista") disseram que abordaram cerca de 50 domicílios rurais que ainda resistiam, e descobriram que seus objetivos eram incompatíveis: enquanto os urbanos queriam impedir o empreendimento e manter o lago como era, os habitantes rurais queriam um aumento na indenização. Não estavam nem dispostos a considerar a opção de manter suas terras e casas. A maioria tinha empregos na cidade e, ainda que alguns usassem parte de suas terras para complementar a renda, plantando para uso doméstico, valorizavam isso menos do que o dinheiro que esperavam obter em troca da renúncia de suas terras.

De novo, talvez tivessem preferido manter suas terras, se possível, e talvez estivessem apenas fazendo o que parecia mais prudente diante da força do Estado. Além disso, pode ser enganoso generalizar a partir desses exemplos. Tais atitudes prevalecem nas periferias das

---

[71] China Study Group, op. cit.

grandes cidades, onde a maioria da população rural não é mais camponesa e suas terras são bem mais valiosas para empreendimentos imobiliários do que para a agricultura. Alguns dos ativistas de Wuhan também haviam estabelecido um centro social em uma aldeia periurbana próxima e, quando souberam que estava programada para ser demolida para expansão urbana, perguntaram aos moradores sobre a possibilidade de resistir, recebendo respostas semelhantes às do Lago Leste. Embora esses casos possam não ser típicos dos conflitos rurais chineses contemporâneos em locais mais remotos (dos quais poucos detalhes estão disponíveis), pelo menos representam a maioria dos conflitos nos arredores das grandes cidades e áreas relativamente industrializadas. Eles também apontam para a dificuldade de vincular lutas tão locais, bem definidas, com movimentos mais amplos que poderiam assumir uma orientação com potencial anticapitalista.

## Revoltas como Cadinho de "Unidade Sociocultural"?

O relato de Walker sobre os recentes conflitos de terra culmina no argumento de que tais lutas desempenharam um papel importante no surgimento de uma "perspectiva de classe compartilhada" entre "os pobres habitantes rurais, os miseráveis, trabalhadores migrantes, trabalhadores desprivilegiados e pobres urbanos." Ela compara a situação com períodos anteriores da história chinesa (o século XVII e início do século XX), quando "a ação coletiva rural sustentada – enraizada nas lutas locais – ampliou-se para uma escala transregional ou mesmo nacional", e "assumiu o caráter de um movimento", formando "um discurso unificado de dissidência". Esses movimentos anteriores, no entanto, eram baseados nas relações compartilhadas dos camponeses com seus exploradores ou expropriadores: um movimento do século XVII contra a escravidão por dívidas, outro do início do século XX contra o aluguel e impostos, e as lutas dos anos 1990 contra a corrupção e a grilagem de terras.

A recém-emergente perspectiva de classe que a autora identifica, por outro lado, parece ser baseada em uma *condição proletária compartilhada* (ou seja, falta de acesso a meios de subsistência),

## A Questão Chinesa

expressa não através da resistência comum a relações específicas de exploração ou expropriação, mas por meio de revoltas contra uma sensação mais geral de desigualdade, exclusão social e violência sancionada pelo Estado. No nível de análise de Walker, ainda não está claro o que essas revoltas urbanas têm em comum com as lutas rurais por terra, exceto pelo fato de que elas "ecoam" estas últimas – talvez porque muitos dos manifestantes recentemente proletarizaram-se por completo através dessas próprias grilagens:

A indignação e a raiva de muitos residentes rurais em relação às crescentes desigualdades do caminho pós-socialista têm sido ecoadas nos últimos anos pela "erupção" de numerosas explosões sociais em larga escala. (...) Em 2004, por exemplo, no distrito de Wanzhou, em Chongqing (...) para onde muitos residentes rurais haviam sido realocados devido ao projeto da Represa dos Três Desfiladeiros – talvez até 80.000 pessoas tenham "protestado" depois que um coletor de impostos espancou com brutalidade um trabalhador migrante que sem querer esbarrou na sua esposa. (...) Da mesma forma, em 2005, 50.000 trabalhadores migrantes em Guangdong também "se rebelaram" depois que um segurança matou um jovem migrante acusado de roubar uma bicicleta.

Embora Walker diga que essas irrupções envolveram "migrantes, camponeses e pobres urbanos" em "áreas rurais, suburbanas e urbanas", os dois únicos exemplos que ela fornece ocorreram em cidades e se concentraram na violência sancionada pelo Estado contra os migrantes. Nesse sentido, elas assemelham-se a muitas das recentes revoltas de larga escala em áreas urbanas. Algumas das maiores delas, que chegaram à mídia nos últimos anos, não foram apenas compostas por ex-camponeses em distritos industriais periurbanos, mas, antes, centradas na resistência direta dos trabalhadores assalariados à exploração no local de trabalho – o que alguns observadores chamam de "convenção coletiva via revolta."[72]

Se pegarmos essa frase ("convenção coletiva via...") e substituirmos "revolta" por "ocupação", "bloqueio" ou "sequestro de

---

[72] Um exemplo típico foi a rebelião dos trabalhadores da Foxconn em 2012 em Taiyuan, descrita em *Revolt of the iSlaves*, Gongchao.

funcionários locais", ela pode ser aplicada a muitas das recentes lutas rurais. Uma diferença fundamental, no entanto, é que o objeto da negociação não são as condições de trabalho e vida que os participantes esperam para o futuro, mas a quantidade de dinheiro que conseguem colher da liquidação de seus campos de previdência, na esperança de mantê-los solventes enquanto pulam no mar de uma vida urbana sem raízes: lucrando com o passado em contraste com a expectativa por dinheiro no futuro. Com objetivos, metas e temporalidades tão diferentes (sem mencionar localizações geográficas), é compreensível que esses dois tipos de luta não tenham se ligado para formar uma unidade sociocultural – mesmo quando são conduzidas por membros da mesma família.

Por outro lado, esses dois tipos de luta refletem a condição comum de seus participantes de sentirem-se cada vez mais supérfluos às necessidades de acumulação capitalista. Assim como nas partes mais e menos "desenvolvidas" do nosso mundo em desindustrialização, tal condição fragmenta o proletariado em múltiplas relações específicas de desapropriação, exploração e exclusão, com múltiplas formas correspondentes de luta. Isso torna mais difícil para as várias frações de classe e suas lutas entrarem em acordo em torno de um polo hegemônico, como o movimento histórico dos trabalhadores ou o exército camponês. O horizonte político pós-socialista da China é, assim, definido por uma multiplicidade de lutas desconectadas, realizadas por pessoas que experimentam uma condição compartilhada de precariedade crescente – como a da Primavera e Outono Árabes, ou dos movimentos euro-americanos de praças e revoltas.[73]

Embora esteja claro que os incidentes de massa rurais e urbanos seguiram crescendo com frequência na última década, não houve casos conhecidos nos quais esses dois tipos de luta tenham se vinculado ou ressoado um ao outro de forma

---

[73] "Se existe algum potencial revolucionário no momento, parece que precisa ser concretizado não na luta de uma fração de classe em particular, mas nos momentos em que diversas frações são reunidas na luta apesar de suas suspeitas mútuas; a despeito da falta de um polo hegemônico estável e consistente." "An Identical Abject-Subject?", *Endnotes 4*, 2015.

significativa, exceto pelas limitadas conexões rural-urbanas vistas em Wukan. Isso ocorre porque cada tipo se relaciona com o capital de uma maneira qualitativamente diferente. No entanto, à proporção que a crise global e suas manifestações chinesas tornam-se mais cáusticas, solapando a esperança por uma vida melhor na cidade, é possível que mais ex-camponeses chineses tentem fugir de volta para suas cidades natais, a fim de reivindicar os campos de previdência.[74] Ao mesmo tempo, conforme a agricultura chinesa fica mais industrializada, transformando até mesmo alguns dos moradores rurais camponeses em trabalhadores, as lutas trabalhistas vão emergir mais perto de casa.[75] Qualquer um desses eventos pode desencadear uma fusão até então inédita entre lutas urbanas e rurais, concedendo uma orientação mais ampla aos conflitos de terra ainda frequentes e militantes.

---

[74] Entre os ativistas chineses envolvidos tanto com trabalhadores quanto com "camponeses", houve um renascimento do interesse no movimento brasileiro MST (Movimento dos Trabalhadores Rurais Sem-Terra), onde os proletários tomam terras, cultivam-nas coletivamente e criam comunidades que então apoiam outros tipos de luta. Diversos ativistas chineses foram aprender com o MST, publicando vídeos e textos como esta recente entrevista: "Baxi wudi nongmin yundong lingxiu zhuanfang: shijie xiangyou, baxi xiangzuo", 2015. (巴西无地农民运动领袖专访：世界向右，巴西向左)

[75] Sobre mudanças recentes na agricultura chinesa que apontam para tal eventualidade, veja a publicação do blog *Chuang*, "The capitalist transformation of rural China: Evidence from Agrarian Change in Contemporary China", 2015.

## 5. Província de Guangdong

# 7.
# Relembrando o levante de 2011 em Wukan[1]

Zhuang Liehong[2]

---

[1] "Revisiting the Wukan Uprising of 2011, an interview with Zhuang Liehong", *Chuang*, v. 1, 2016, disponível em: http://chuangcn.org/journal/one/revisiting-the-wukan-uprising-of-2011/.

[2] Um dos líderes do levante de 2011 na vila de pescadores de Wukan, Zhuang Liehong, antes de retornar ao seu povoado de origem, trabalhou nas indústrias da região do Delta do Rio das Pérolas. Após ser perseguido pela polícia chinesa por sua militância, migrou para os Estados Unidos, onde trabalha hoje como garçom.

Zhuang Liehong foi um dos quatro principais líderes da revolta de 2011 no vilarejo de Wukan, a mobilização rural mais divulgada da década passada na China.[3] Nascido em 1983, ele saiu de casa depois do ensino fundamental, como a maioria dos adolescentes das vilas rurais, para trabalhar na região vizinha do Delta do Rio das Pérolas. Depois de alguns anos economizando dinheiro, tornou-se lojista em Foshan. Após uma série de confiscos de terras na sua cidade natal (ocorridos desde 1993), seus pais perderam suas terras agrícolas, reduzindo assim sua renda às remessas de Zhuang e um de seus irmãos. Com a desaceleração econômica pós-2008, o negócio de Zhuang mal conseguia pagar as contas. Por isso, quando outros moradores começaram a protestar contra a apropriação de terras em 2009, ele se juntou à causa, aprendendo a usar equipamentos de vídeo e coproduzindo dois documentários curtos sobre a disputa. Com a escalada do conflito em setembro de 2011, mais uma vez, Zhuang voltou rápido para sua cidade a fim de participar ativamente da luta, sendo eleito um dos 13 delegados a negociar com os funcionários do governo. Em 3 de dezembro, ele foi preso por divulgar um manifesto que contribuiu para que o protesto evoluísse em direção a um movimento de massas. Em resposta, os moradores do vilarejo tomaram vários funcionários reféns, exigindo a libertação de Zhuang. Depois que o movimento afinal derrubou a camarilha governante de Wukan e organizou a primeira eleição democrática da cidade em março de 2012, Zhuang tornou-se um dos sete membros do novo Comitê Municipal (equivalente a uma prefeitura).

Após quase dois anos de negociação com as empresas que haviam arrendado as terras coletivas de Wukan e os funcionários do

---

[3] Ver artigo acima.

governo que atuavam em conluio com o antigo Comitê Municipal, o novo Comitê apenas conseguiu recuperar um quarto da terra roubada, enquanto algumas das outras demandas do movimento caíram no limbo. Na medida em que a eleição de 2014 se aproximava, funcionários do alto escalão começaram a assediar os membros do comitê que haviam atuado no movimento, detendo dois dos camaradas de Zhuang por acusações de suborno, um deles condenado a quatro anos de prisão. Zhuang fugiu para os EUA, onde pediu asilo político e conseguiu emprego em um restaurante. Seu pedido de asilo ainda não foi concedido.

Em 31 de outubro de 2015, nosso amigo Guiling, que conheceu Zhuang durante a revolta de 2011, teve a oportunidade de conversar com ele e perguntar sobre alguns pontos que ainda não estavam claros na literatura existente sobre Wukan. Publicamos abaixo trechos da entrevista. A parte I é a transcrição desse encontro e a segunda é a tradução de suas trocas de e-mail.

## Parte I

**Guiling:** *O que você está fazendo nos Estado Unidos?*

**Zhuang Liehong:** Agora estou trabalhando como entregador em um restaurante chinês. Acabei de comprar um carro e trabalho até tarde. Em geral eu começo a trabalhar às 16h e volto para casa às 22h. Conseguimos aqui um seguro saúde para pessoas de baixa renda.

**G:** *Qual é a situação em Wukan agora? Você segue em contato com pessoas de lá?*

**Z:** A luta de Wukan acabou por completo. Colocaram o último prego nesse caixão há muito tempo. Não houve nenhuma mudança com relação à disputa de terras. Meu amigo Hong Ruichao ainda está na prisão. Acho que ele tem mais dois ou três anos a cumprir. Ainda tenho parentes morando em Wukan, mas ninguém está envolvido na luta agrária agora. Na minha opinião, a luta já estava condenada desde o início. Os camponeses chineses... Eles de fato não sabem lutar, e as coisas desmoronaram logo depois do movimento começar. Todo mundo tem seus próprios motivos e interesses. Quanto à imprensa, é claro que encerraram sua cobertura assim que não havia nada sensacionalista para relatar. Os camponeses sempre foram explorados e oprimidos ao longo de toda a história chinesa.

G: *Qual o significado da terra para os jovens do vilarejo?*

Z: A maioria dos jovens trabalha em cidades grandes como Cantão, Shenzhen e Foshan. Alguns administram negócios, como na indústria do vestuário. Eles não se vêm mais como "camponeses" (*nongmin*). Mas a situação econômica nessas cidades grandes é ruim. Sabe, a economia de Guangdong não está mais crescendo, então esses jovens têm que voltar para Wukan. Um ou outro pode tentar a sorte na pesca ou na aquicultura (*dayu*), já que ninguém mais cultiva a terra. Muitos dos jovens que voltaram dependem de seus pais, na verdade "roendo os idosos" (*kenlao*). Mas isso não significa que as pessoas não sentem nada pela terra. No meu caso, por exemplo, a terra pertence à minha família, então eu tenho que fazer algo com ela, mesmo que não seja agricultora.

G: *Por que Wukan não se uniu a outras cidades envolvidas em lutas na época?*

Z: Essa é uma boa pergunta. Na verdade, nós de fato entramos em contato com outras cidades e planejamos nos unir de alguma forma. Mas depois de algumas discussões e reflexões, decidimos não fazer isso. Não queríamos intensificar a situação e mudar o "caráter" (*xingzhi*)[4] do nosso movimento. Como você sabe, o líder

---

[4] Xingzhi (性质) é uma palavra usada com frequência pelo Estado chinês para classificar "incidentes de massa" e determinar medidas apropriadas para a sua mediação ou supressão. A forma mais severa de *xingzhi* é a "subversão do poder do Estado", que determina o limite para todas as questões legais, mas de uma maneira altamente subjetiva e ambígua. Os participantes de "incidentes de massa", então, têm medo de atravessar essa linha. A escolha de Zhuang Liehong por esse termo reflete tais preocupações com o enquadramento legal do conflito.

do partido na província, Zheng Yanxiong, estava preocupado que essa luta arruinaria sua carreira política, então ele enviou toda aquela polícia armada para reprimir o movimento o mais rápido possível. Então, se nos uníssemos a outras cidades, seria considerado uma insurreição contra o regime, e Zheng teria a desculpa legal perfeita para adotar medidas ainda mais violentas. Não queríamos que isso acontecesse. Queríamos manter o movimento sob controle.

## Parte II

G: *Desde os anos 2000 têm ocorrido muitas lutas relacionadas à terra, mas o caso de Wukan é o mais famoso. O que Wukan tem de particular? Você ouviu falar de lutas semelhantes em outros lugares?*

Z: Isso tem muito a ver com o uso da mídia e nossos próprios esforços de divulgação, com base nas nossas experiências de ter elaborado mais de dez petições para o governo nos três anos anteriores. Em nossos esforços de propaganda política, o uso da tecnologia e da internet pelos jovens do vilarejo foi crucial.

Eu nunca tinha ouvido falar de outras lutas como essa em outros lugares antes da nossa, provavelmente por causa da censura à internet na China. Só depois soube de algumas batalhas semelhantes através de conversas com jornalistas.

G: *Muitos jornalistas estrangeiros apresentaram o incidente de Wukan como um movimento com o objetivo de "lutar pela democracia", utilizando "a luta pelo direito ao voto" como meio para esse fim. Outras fontes disseram que a meta era recuperar terras agrícolas. De acordo com a sua experiência, qual descrição é a mais precisa?*

Z: Como aldeão de Wukan, meu objetivo original era recuperar a terra que tinha sido roubada e vendida pelo governo. Claro que isso envolve questões democráticas: a falta de democracia faz com que a administração dos vilarejos não seja transparente. Esse é um dos motivos pelos quais as terras puderam ser roubadas e vendidas pelas costas dos moradores.

Na minha opinião, no que diz respeito a nós, moradores, o objetivo real dos nossos interesses imediatos era recuperar nossa terra, e a democracia era só uma condição necessária a esse fim, e para evitar perdas semelhantes no futuro.

G: *Qual é o papel da terra na vida dos jovens de Wukan? Quantas pessoas ainda sobrevivem da agricultura? Que parcela da renda familiar deriva da agricultura?*

Z: As terras agrícolas nunca foram a única fonte de renda do vilarejo. Comparado às vilas vizinhas, Wukan é litorânea. As gerações anteriores eram basicamente meio agricultores e meio pescadores, a agricultura e a pesca forneciam, cada uma, cerca de metade da renda de uma família. Nosso padrão de vida era muito mais alto que o das cidades que dependiam só da agricultura. Mesmo assim, os moradores ainda veem a agricultura como a raiz da vida e o "mar" como um local de mendicância. Então, alguns se referem à pesca como "mendigar do mar" (*tao hai*).

Desde os anos 1980, o rápido desenvolvimento do Delta do Rio das Pérolas atraiu os jovens, que abandonavam a agricultura e buscavam melhorias lá, mas os idosos continuam no cultivo e na pesca. Há muito tempo que a renda das famílias deixou de depender só da agricultura.

Mais tarde o governo construiu estradas que isolam as fontes naturais de água de Wukan para irrigação. Isso foi chamado de "usar terra para cultivar estradas" (*yi di yang lu*). Por isso, a maior parte das terras agrícolas de Wukan caiu em desuso. Agora, a renda que as famílias obtêm da agricultura é quase nula.

G: *Os jovens de Wukan sabem trabalhar a terra hoje em dia? Até onde eu sei, a maioria não teve essa experiência; ainda assim, eles tiveram um papel destacado nos protestos. O que você acha que a terra significa para eles?*

Z: Para os jovens da geração atual sem experiência no campo, não há disposição em se arriscar na agricultura, até entre os desempregados que possuem lotes de terra.

Na minha experiência pessoal, depois de viver longe de casa por muitos anos, foi só quando voltei para Wukan que me senti seguro, como um barco chegando ao porto. Pode ser por isso que os jovens tiveram um papel tão ativo na luta pela terra em Wukan.

G: *Como a geração de seus pais vê a perda de terra? Qual é a diferença entre a perspectiva deles e a dos jovens? Durante a luta, houve conflitos de gerações com relação a métodos ou ideias?*

Z: A perspectiva da geração dos meus pais sobre a perda da terra é moldada por tudo o que investiram nela, como durante a descoletivização dos anos 1980 (e a era precedente de propriedade coletiva), que incluiu possibilitar novas terras para o cultivo, melhorar a infraestrutura de irrigação etc. A geração dos meus pais sacrificou suor e sangue por esses projetos, então a perspectiva deles difere dos mais jovens que por muitos anos viveram fora. Mas nenhum conflito geracional surgiu durante a luta agrária.

G: *Os migrantes de Sichuan e Hunan (que alugam lotes marítimos de pesca do coletivo de Wukan) participaram do movimento?*

Z: Sim. Cerca de mil migrantes vivem em Wukan. Alguns dos de Sichuan, Hunan e Henan, que moram em Wukan há mais de dez anos, foram especialmente ativos no movimento. Fiquei muito comovido quando duas ou três mulheres de Sichuan aceitaram dar entrevistas para a imprensa.

G: *Seu documentário Wukan, Wukan!*[5] *é o registro mais detalhado que conhecemos do levante. Você poderia falar sobre o processo de produção? O que seus camaradas acham dele?*

---
[5] O filme está disponível em https://www.youtube.com/watch?v=1 bWGvh00, consultado em julho de 2016.

Z: Quando nós, que não somos jornalistas, fizemos *Wukan, Wukan!*, nossa principal preocupação era apresentar um cronograma claro e um relato preciso e fácil de entender sobre a situação. Tudo no filme foi gravado por nós ou coletado de outros moradores.

Como não somos profissionais, foi um processo difícil de produção, baseado na tentativa e erro. Eu aprendi por mim mesmo a usar o programa de edição de imagens em 2009, quando produzia os vídeos *To Be with Wukan* e *Dark Dream of Lufeng* em Foshan.[6] Para atender os requisitos técnicos para realizar esses vídeos, comprei dois computadores de alta qualidade em Foshan. Zhang Jianxing[7] me ajudou com a narração. Também editamos a linha do tempo, imagens e vídeos juntos.

O momento que mais me impressionou foi antes de ser preso (em 3 de dezembro de 2011). Como prometemos aos nossos conterrâneos do vilarejo que exibiríamos *Wukan Wukan!* em um dia específico, tivemos que trabalhar dia e noite para concluir tudo antes da exibição da Parte 1. Nós passávamos cada minuto em uma mesa no segundo andar da casa[8] de Lin Zuluan. Só quando os vídeos estavam sendo carregados conseguíamos tirar um cochilo curto. Nosso "professor", Xue Jinbo[9], vinha nos visitar todas as noites com lanches.

---

[6] Esses primeiros vídeos circularam através de grupos do aplicativo de mensagens QQ de moradores do vilarejo que já estavam preocupados com a apropriação de terras em 2009, quando ocorreram as primeiras petições e protestos.

[7] Outro morador que atuou no movimento de 2011.

[8] Lin Zuluan é um membro sexagenário do partido que, ainda assim, foi excluído da camarilha dominante de Wukan, provavelmente porque passou a maior parte de sua vida adulta fazendo negócios fora da cidade. Depois de se aposentar e retornar a Wukan, juntou-se à rebelião em 2011 e foi eleito popularmente para ser um dos 13 delegados que negociaria com as autoridades em setembro. Quando o movimento derrubou a camarilha governante de Wukan em dezembro, a seção do PCCh no distrito de Shanwei nomeou Lin para substituir o secretário do partido no vilarejo. Na eleição popular de março de 2012, ele foi escolhido chefe do novo Comitê Municipal. Mais tarde, os moradores acusaram-no de corrupção, de entregar o movimento e sabotar o processo de negociação.

[9] Xue Jinbo foi o açougueiro que liderou o movimento (um dos 13 delegados) e que morreu sob custódia policial em 11 de dezembro de 2011. Segundo um legista, o corpo mostrava sinais de tortura. Foi essa notícia que incitou os manifestantes a derrubar o Comitê Municipal, forçar a polícia a sair de Wukan e bloquear as estradas. Em resposta, mil policiais armados sitiaram a cidade em 13 de dezembro.

Os moradores da cidade deram muito apoio no processo de produção do documentário e, até onde eu sei, a recepção do produto final foi positiva. Na época, eles não sabiam que nós mesmos tínhamos produzido o material. Para evitar problemas desnecessários, dissemos que tínhamos contratado produtores de vídeo profissionais de outros lugares.

G: *Você assistiu a outros documentários sobre Wukan, como os da Al-Jazeera? Qual é a diferença entre o seu documentário e esses?*

Z: Eu não sabia de nenhum outro documentário enquanto estava fazendo *Wukan, Wukan!*. Depois, assisti *Wukan* partes 1 e 2 da ISun Affairs. Comparado ao nosso documentário, o deles era mais padronizado (*guifan*) e artístico (*wenyihua*). Apesar do documentário deles ser mais atraente ao público, acho que o nosso é um registro mais completo e realista do evento como um todo.

G: *O que você acha do silêncio coletivo da mídia após o movimento? Você acha que a mídia faz uma má representação de Wukan?*

Z: Para as pessoas de fora, acho que esse silêncio depois de uma luta é normal, a menos que haja novos desenvolvimentos que a mídia considere interessantes.

Sobre a imprensa chinesa, nem vale a pena falar. Desde o início, distorceram tudo, deturparam as impressões da sociedade sobre Wukan e a nossa luta.

Houve imprecisões nos relatos da mídia estrangeira, que fracassou no jornalismo investigativo. Alguns exageraram os fatos e distorceram os objetivos de nossa luta por terra. Mas, no geral, a maioria transmitiu com precisão a nossa situação precária, atraindo atenção e preocupação das pessoas de todos os lugares. Isso indiretamente nos poupou de mais perseguições na época ou até de um massacre.

*Relembrando o levante de 2011 em Wukan*

# 8.
# De Hong Kong, o dito anti-imperialismo de Pequim é uma farsa[1]

Sophia Chan[2]

---

[1] "For Hong Kong, Beijing's so-called 'anti-imperialism' is a sham", *Lausan*, 29 dez. 2019, disponível em https://lausancollective.com/2019/beijing-sham-anti-imperialism-hong-kong/.

[2] É uma ativista baseada na China, tendo sido uma das organizadoras do Esquerda21, um coletivo socialista de Hong Kong.

# 6. Hong Kong, Macau e Guangzhou

Desde o início do movimento anti-extradição em Hong Kong, que evoluiu para uma ampla luta por democracia e contra a violência policial, Pequim tem rejeitado repetidamente críticas de autoridades estrangeiras por sua atuação ao longo da crise política. Respondendo à crítica do então secretário de relações exteriores britânico Jeremy Hunt, por exemplo, o porta-voz do governo chinês rebateu de forma dura e imediata: Hunt estava "fantasiando glórias esmaecidas do colonialismo britânico". Em tempos mais recentes, quando ativistas de Hong Kong encontraram-se com membros do Congresso Americano para apoiar o projeto de lei "Direitos Humanos e Democracia em Hong Kong" – que permite ao governo dos EUA sancionar membros do governo responsáveis por erodir as autonomias cedidas à cidade dentro do regime de "um país, dois sistemas" –, o porta-voz do ministério das relações exteriores chinês Geng Shaung reagiu, colérico, exigindo que os EUA "respeitem a soberania da China".

Com frequência, Pequim argumenta que, desde 1997, libertou Hong Kong do jugo do colonialismo europeu e continua mantendo a influência imperialista ocidental estrangeira à distância. Isso faz parte de uma narrativa mais ampla, em que o Partido Comunista da China apresenta-se como o agente revolucionário anti-imperialista que reconstruiu a China a partir de seus "Cem Anos de Humilhação", um longo século de invasões e tratados desiguais iniciado quando a primeira canhoneira europeia atracou em praias chinesas.

Essa história do imperialismo ocidental é, em grande medida, verdadeira. Os danos causados pelo colonialismo europeu – do qual a exploração sistemática e a desigualdade racial constituíam partes centrais – precisam ser levados a sério e, claro, não merecem qualquer nostalgia. Além disso, forças capitalistas ocidentais como os Estados Unidos mobilizam suas influências políticas e econômicas para avançar objetivos próprios pelo mundo, frequentemente às custas dos mesmos valores reivindicados pelos manifestantes em Hong Kong. A crença irrestrita no apoio desses canais de poder parece, na melhor das hipóteses, ingênua, e na pior, uma traição à reivindicação do movimento por autodeterminação.

No entanto, se nós – em especial na esquerda – comprarmos a narrativa de Pequim sobre seu "anti-imperialismo" hoje, seríamos "simples demais, às vezes ingênuos", como uma vez disse Jiang Zemin, ex-presidente da República Popular da China, repreendendo Hong Kong.

O fato é que para nós, honcongueses, a versão contemporânea de anti-imperialismo vinda de Pequim é uma distorção grosseira e uma traição dos princípios centrais do anticolonialismo, um corpo de pensamento político que se desenvolveu nos movimentos revolucionários do século XX.

## A estrutura colonial

Uma crença central, compartilhada por muitos líderes e pensadores anti-imperialistas asiáticos e africanos, é que uma mudança na identidade da classe dominante e o reconhecimento formal das fronteiras dos Estados eram apenas pequenos passos para alcançar a descolonização. A descolonização era mais do que um movimento pela independência nacional: tratava-se de realizar uma revolução igualitária.

Os anticolonialistas viram que o colonialismo não significava apenas a dominação estrangeira, mas constituía também, crucialmente, em um sistema de governo no qual direitos políticos, recursos econômicos e status social eram distribuídos de forma desigual no interior da sociedade colonial e entre colônia e metrópole. Nas palavras do conhecido teórico pós-colonial Partha Chatterjee, o governo colonial segue "a regra da diferença colonial". O colonialismo dividiu as pessoas por diferenças raciais, religiosas, étnicas e linguísticas, entre outras, e distribuiu direitos e privilégios segundo elas. O resultado foi que as colônias ficaram repletas de divisões sociais e hierarquias, tornando mais fácil e viável que uma minoria europeia dominasse grandes populações.

Amílcar Cabral, um dos líderes anticoloniais mais destacados da África, foi fundador e líder do Partido Africano da Independência da Guiné e Cabo Verde (PAIGC). Liderou uma batalha armada de 17 anos contra os colonialistas portugueses, e leu e admirava os escritos do pensador anticolonial da própria China, Mao Tsé-Tung. Ele descreve a desigualdade sob o colonialismo como uma "pirâmide".

Na "cúpula", argumenta Cabral, fica a classe dominante, que inclui tanto os dominadores estrangeiros quanto os locais. "O colonizador estabelece dirigentes que o apoiam e que são, em alguma medida, aceitos pelas massas. Ele dá a esses chefes privilégios materiais (...) Acima de tudo, através dos órgãos repressivos da administração colonial, ele garante privilégios econômicos e sociais para a classe dominante na sua relação com as massas."

Em seguida, na pirâmide, vem a "pequena burguesia local", que "fica no meio do caminho entre as massas da classe trabalhadora (...), e um pequeno número de representantes locais da classe dominante estrangeira". Essa classe média local é composta por profissionais, funcionários públicos, pessoas de negócios, proprietários de terras e assim por diante. E a maioria deles "almeja um modo de vida semelhante, se não idêntico, ao da minoria estrangeira". Eles, direta ou indiretamente, ajudam os colonizadores a controlar as massas e beneficiam-se da situação.

Por último, a classe trabalhadora, ou as massas urbanas e rurais, está na base da pirâmide, para ser explorada, reprimida e completamente marginalizada.

Essas estruturas políticas e econômicas de desigualdade não se definham apenas hasteando uma nova bandeira. Na verdade, sem reformas abrangentes das instituições políticas e econômicas da pós-colônia, a desigualdade permanece profundamente arraigada. Enquanto os colonizadores antes ocupavam posições de poder e privilégio, as mesmas posições são agora ocupadas por capitalistas locais e a elite dominante.

Em Hong Kong, 22 anos depois do colonialismo britânico ser substituído pelo domínio de Pequim, a desigualdade permanece intocada.

## A política da desigualdade

Sob o domínio de Pequim, os cidadãos têm pouca voz no sistema político não democrático de Hong Kong. Na verdade, um pequeno comitê dominado por interesses empresariais simpáticos a Pequim seleciona o Chefe do Executivo. As chamadas "circunscrições funcionais" do Conselho Legislativo, sistema criado pelos britânicos, que permite aos setores de negócios da cidade a eleição de seus próprios legisladores, garante a dominação de políticos pró-regime, em detrimento dos representantes da oposição, preferidos pelos cidadãos de Hong Kong.

Sem sufrágio universal, o povo de Hong Kong não tem qualquer instrumento de controle sobre seus governantes. Em vez disso, Hong Kong se destaca pelo "capitalismo de compadrio"[3], uma forma de conluio, na qual o Estado dá benefícios econômicos a empresários, em troca de apoio político. Isso garante que capitalistas e grandes empresas respaldadas pela China, não a população em geral, tomem decisões políticas por Hong Kong: baixo imposto de renda e nenhuma taxação nos ganhos de capital, gastos sociais parcos, falta de direitos trabalhistas básicos como convenções coletivas[4], um persistente déficit de habitação popular[5] e assim por diante. Atualmente, Hong Kong tem a maior diferença entre ricos e pobres do mundo desenvolvido: com um coeficiente de Gini de 0,539 em 2018, a desigualdade econômica de Hong Kong só perde para Nova Iorque entre as cidades do mundo. Um relatório de 2017 verificou que os 10% mais ricos da cidade ganham cerca de 44 vezes mais do que as famílias mais pobres. Entre as muitas pichações de protesto fotografadas pela mídia nos últimos meses, uma, em particular, acerta o centro da questão. Escrita em uma importante estrada, a pichação diz: "7 mil por uma casa que parece uma cela e vocês realmente acham que nós aqui temos medo da prisão?"

---

[3] "Comparing crony capitalism around the world", *The Economist*, 2016.
[4] Leung Po-lung, *Hong Kong political strikes: A brief history*, 2019.
[5] Alice Poon, *How real estate hegemony looms behind Hong Kong's unrest*, 2019.

## Rumo a uma descolonização genuína

Os pensadores anticoloniais identificaram que, para ligar o governo aos interesses das massas, a igualdade política na forma de democracia é um requisito básico e essencial para um sistema político descolonizado. Léopold Senghor, ativista anticolonial e primeiro presidente do Senegal, ressalta a importância da democratização na era pós-colonial do país. Refletindo, em 1960, sobre a independência de seu país da França, Senghor argumenta que "sob reflexão, nem a independência é, em si, independência política. Pelo menos, não para as pessoas. (...) A soberania, restaurada para o povo senegalês, teve que ser exercida pelo seu povo e para o seu povo". Hoje, o Senegal é uma das democracias mais estáveis do continente africano.

Para alcançar a descolonização genuína e completa, pensadores anticoloniais acharam crucial abordar a exploração econômica da era colonial, redistribuindo a riqueza e os meios de produção. Reforma agrária, por exemplo, era uma parte importante de muitos programas anticoloniais do século XX. Sem reformas políticas e econômicas igualitárias, a liberdade ganha pelas lutas anticoloniais seria tão vazia quanto a liberdade de levantar uma bandeira diferente.

Evidente que é muito mais fácil, hoje, para o governo chinês (e seus lacaios de Hong Kong) fingir que anti-imperialismo é *apenas* manter afastadas todas as formas de influência externa. Isso permite ao governo desprezar qualquer pessoa chinesa ou de Hong Kong que promova mudanças progressistas, difamando-as como agentes estrangeiros. Na verdade, ao invés de dialogarem com as demandas populares por reformas igualitárias, Pequim escolheu enaltecer como "verdadeiros patriotas" quem agita a bandeira da República Popular e canta o hino nacional, ignorando as virulentas injustiças que os manifestantes pró-democracia querem resolver.

Não surpreende que símbolos do orgulho nacional chinês tornaram-se, para muitos, em Hong Kong, símbolos de opressão, em vez de emancipação. Portanto, em 1º de julho de 2019 – o mesmo dia em que oficiais chineses e a elite de Hong Kong beberam champanhe para celebrar o aniversário da entrega da cidade, em 1997, do domínio do Reino Unido para o da República Popular da China –, manifestantes em Hong Kong ocuparam o Conselho Legislativo e vandalizaram o emblema de Hong Kong. Em 1º de outubro, 70º aniversário da fundação da República Popular da China, manifestantes na ilha queimaram a bandeira nacional e exigiram o fim do unipartidarismo (o dia sangrento, cheio de conflitos entre cidadãos e polícia, terminou com um estudante secundarista sendo baleado).

Na verdade, Frantz Fanon, o escritor e revolucionário anticolonial franco-antilhano, previu isso em 1963. Ele escreve em *Os Condenados da Terra*: "Nacionalismo não é um programa. (...) Um governo precisa de um programa se quer mesmo libertar o povo política e socialmente. Não apenas um programa econômico, mas também uma política de distribuição da riqueza e das relações sociais". Sem isso, "o nacionalismo (...) leva a um beco sem saída. (...) É aí que as bandeiras e edifícios do governo deixam de ser símbolos da nação."

Assim, Fanon avisa que o governo pós-colonial baseado em um nacionalismo superficial, que não aborda a desigualdade estrutural, falha, em última instância. Os cidadãos desse tipo de regime pós-colonial verão o regime como algo tão alienador quanto o domínio estrangeiro.

Anti-imperialismo e anticolonialismo, em seu sentido mais verdadeiro, requerem reformas igualitárias radicais em todos os níveis da sociedade: político, econômico e social. No entanto, em sua tentativa de sufocar a dissidência e permanecer no poder a qualquer custo, o Partido Comunista da China, hoje, abandonou uma visão central à tradição anticolonial: que um povo liberto não é constituído de líderes destacados da elite e seus súditos desempoderados, mas, como escreve Fanon, "na práxis esclarecida e coerente dos homens e mulheres".

# 9.
# Contra a nova Guerra Fria[1]

JN Chien[2] e Ellie Tse[3]

---

[1] "'The Hong Kong card': Against the new Cold War", *Lausan*, 23 out. 2019, disponível em https://lausan.hk/2019/hong-kong-card-against-new-cold-war/.

2 Estudante de doutorado no Departamento de Estudos Americanos e Etnicidade na Universidade do Sul da Califórnia. Sua pesquisa examina as transformações políticas e econômicas em Hong Kong, Vietnã e Filipinas, causadas pelo povoamento militarista dos EUA durante a guerra fria e a consequente migração em massa do trabalho e de refugiados por todo o Pacífico.

[3] É estudante de doutorado em Estudos Culturais e Comparativos do Departamento de Línguas e Culturas Asiáticas da Universidade da Califórnia, em Los Angeles. Sua pesquisa, voltada a Hong Kong, investiga as consequências dos encontros interimperiais pela via visual, espacial e arquitetônica, por dentro e no entorno do Oceano Pacífico sinófilo.

Em 9 de junho de 2019, cerca de um milhão de pessoas em Hong Kong marcharam rumo ao Conselho Legislativo da cidade, protestando contra a votação de um projeto de lei de extradição[4], com a República Popular da China (RPC). Mesmo com a intensificação dos protestos, em que dois milhões de pessoas tomaram as ruas no 17 de junho, em resposta à repressão policial nas manifestações anteriores, o governo seguiu declarando-se contra engavetar a proposta legislativa. Dali em diante, o movimento atravessou múltiplos pontos irreversíveis. Da ocupação do Conselho Legislativo por ativistas da linha de frente, no 1º de julho, ao ataque a manifestantes e civis por esquadrões de tríades armados[5], na estação de Yuen Long, três semanas depois, a oposição à proposta da lei de extradição evoluiu para uma série de reivindicações interligadas por democracia e contra a repressão.

Apesar de o projeto de lei ter sido o foco inicial dos protestos, sua retirada tardia em 4 de setembro pela Chefa do Executivo, Carrie Lam, na prática incentivou os manifestantes. Sobretudo porque o sentimento geral – de que o Partido Comunista Chinês (PCCh) aumentava seu controle sobre Hong Kong, em contradição explícita ao princípio de "Um País, Dois Sistemas"[6] – estava sendo completamente ignorado. A palavra de ordem do movimento desde então, "Todas as Cinco Reivindicações, Nem Uma a Menos!", amplificou o descontentamento expresso nas outras quatro exigências: sufrágio universal, retratação do governo por caracterizar os

---

[4] Jeff Li, *Hong Kong-China extradition plans explained*, 2019.
[5] Austin Ramzy, *Mob Attack at Hong Kong Train Station Heightens Seething Tensions in City*, 2019.
[6] Modelo de governo em Hong Kong e Macau desde que ambos integraram-se à China, respectivamente, em 1997 e 1999. Formulado nos anos 1980 por Deng Xiaoping, durante as negociações com o Reino Unido, o termo implica que, diferente da China continental, as duas ilhas teriam sistemas administrativos e econômicos próprios. [Nota Editorial]

confrontos entre manifestantes e a polícia como "motim", investigação independente sobre a repressão policial e, por fim, anistia e libertação incondicional dos manifestantes presos.

Esse conjunto de reivindicações é uma lista precisa do temor explosivo e do ressentimento acumulado, por décadas, de insatisfação com as instituições de Hong Kong, resquícios da era colonial. Além de preservar a força policial treinada pelos britânicos, a República Popular da China manteve o sistema representativo fraudado, que infla votos a favor de suas "circunscrições funcionais"[7], baseadas em ramos de negócios a serviço do capital colonial britânico e do capital estatal chinês. Junto a isso, a invocação pelo governo, feita em 4 de dezembro, do Decreto de Regulamentação de Emergência[8] (DRE) – essencialmente uma lei marcial –, cristalizou a continuidade entre os regimes coercitivos e a natureza colonial do "Estado de Direito" como dispositivo ideológico pouco questionado na Hong Kong semiautônoma. O momento emblemático da abdicação do colonialismo britânico, em 1997, apenas ofusca uma realidade que, ao diretamente sustentar e renovar infraestruturas coloniais, institucionaliza e garante o conluio entre o governo e o empresariado. Enquanto isso, a força policial militarizada garante a passagem do bastão colonial. Contra essa triangulação de poder, as reivindicações dos manifestantes contestam, com urgência, conceitos e práticas da violência do Estado.

## Do colonialismo britânico ao Han-centrismo

Ratificado em 1922, o Decreto de Regulação de Emergência surgiu em meio à greve do Sindicato dos Estivadores, uma onda de agitação de trabalhadores que paralisou o movimentado porto da cidade. A administração colonial britânica usou o decreto para interromper o funcionamento de trens, impedindo a conexão

---

[7] Mecanismo eleitoral desenvolvido pela administração colonial britânica em que a representação política local se dá segundo grupos profissionais e associações empresariais, privilegiando representações não-geográficas. [Nota Editorial]

[8] Wilfred Chan e JN, *Hong Kong's Mask Ban Is Just a Cover for a Police Crackdown*, 2019.

entre os grevistas e outros trabalhadores radicais em Cantão, que haviam começado greves de solidariedade. Quando seguiram a pé, a polícia abriu fogo e matou cinco grevistas em Shatin, evento cuja brutalidade despertou ainda mais greves. Embora o governo tenha sido forçado a encerrar as oito semanas de mobilizações com um aumento salarial, as autoridades ficaram bastante abaladas pela vulnerabilidade frente à ação dos operários.

O DRE foi de novo utilizado em 1967 para conter um levante de trabalhadores, que se transformou em uma escala de atentados à bomba, promovida por simpatizantes do Partido Comunista contra o regime colonial. Um decreto de ordem pública foi aprovado, definindo como "motim" qualquer grupo de três ou mais pessoas ilegalmente reunidas, cometendo uma "violação da paz". Isso autorizou a polícia a reprimir com violência qualquer agregação[9]. Ser acusado de motim também levava à condenação a dez anos de prisão. Contra a fusão feita pelo governo em 2019 entre motim e protesto, o canto popular dos manifestantes "Nada de motim, só tirania!" carrega o assombroso legado da repressão policial violenta, sancionada pelo Estado colonial.

De certa forma, nada pode ser feito para aliviar o trauma físico e psicológico acumulado por semanas de brutalidade policial, algo que com certeza não será resolvido com a retirada do projeto de lei. Além de bater e mutilar com força excessiva, a polícia atacou manifestantes com mais de 4.500 bombas de gás lacrimogênio, 1.800 balas de borracha e milhares de prisões. Enquanto uma jornalista e uma socorrista ficaram cegas de um olho, por aquilo que fabricantes americanos e britânicos chamam eufemisticamente de "armas menos letais"[10], dois adolescentes tiveram ferimentos graves por balas reais. Inúmeras alegações de violência sexual por parte da polícia, durante prisões e detenções, também geraram terror e alarme geral, motivando manifestações inspiradas no #MeToo, chamadas #ProtestToo.

---

[9] Martin Purbrick, *A Report of the 2019 Hong Kong Protests*, 2019.

[10] Simon Parry, *The truth about tear gas: how Hong Kong police violated all guidelines for the 'non-lethal weapon*, 2019.

Essa realidade brutal levou a uma "sexta reivindicação": dissolução da Força Policial de Hong Kong (FPHK). Mesmo não estando claro o que essa dissolução implicaria – abolição ou reforma –, a FPHK, frequentemente enaltecida como "a melhor da Ásia", até o início de 2019 contava com a boa vontade e confiança do público. Hong Kong, inclusive, não só é o quinto território mais policiado do mundo,[11] mas também registra o maior índice de mulheres encarceradas.[12] Enquanto a sexta exigência pode parecer um desdobramento orgânico frente à violência policial, a simpatia histórica existente em Hong Kong pela polícia indica, em parte, o caráter radical e abolicionista da reivindicação.

\*\*\*

Esses protestos, que abalaram a cidade por meses, não surgiram do nada. Há muito tempo, Hong Kong tem sido foco de insegurança para a República Popular da China, cujo medo da perda de controle gera ansiedade em relação a Taiwan, Tibete e, mais recentemente, tem se expressado na repressão violenta no Turquestão Oriental (Xinjiang), através de um vasto esquema de vigilância[13], detenção e genocídio. Do projeto de megalópole na Área da Grande Baía, abrangendo Guangdong, Hong Kong e Macau, à implacável hegemonia no Sudeste Asiático e África por meio do projeto *Rota da Seda*[14], a violência unificatória do han-centrismo também se encaixa no projeto expansionista da RPC. A escalada repressiva é parte do retrocesso encabeçado por Xi Jinping para consolidar sua própria autoridade, após anos de reforma liberal sob seus antecessores Jiang Zemin e Hu Jintao. Não é novidade para ninguém, em Hong Kong, que Xi está apenas acelerando um arrastado programa do Partido Comunista de repressão contra a prometida semiautonomia da cidade.

---

[11] Howard Winn, *Hong Kong is one of the world's most heavily policed territories*, 2013.
[12] Jessie Lau, *Hong Kong's jails have highest proportion of women inmates, but figures skewed by large number of foreign sex workers*, 2015.
[13] Darren Byler, *China's Nightmare Homestay*, 2018.
[14] Catherine Trautwein, *All Roads Lead to China: The Belt and Road Initiative, Explained*, 2019.

O tumulto prolongado em torno de um único projeto de lei é reforçado por uma extensa história de protestos contra legislações tirânicas semelhantes: a tentativa de introduzir uma dura lei de segurança nacional[15] (Artigo 23), em 2003, gerou o que foi, à época, um dos maiores protestos da história da cidade, com meio milhão de pessoas; já o programa de reforma "Educação Moral e Nacional"[16] de 2011-2012 foi denunciado pelos críticos como uma tentativa de "lavagem cerebral e doutrinação política", por parte do PC Chinês. Em 2014, uma proposta de reforma eleitoral, que reafirmava a prerrogativa do governo em selecionar candidatos para lideranças administrativas, precipitou o Movimento dos Guarda-Chuvas.[17] Algumas pessoas já dão por perdido o modelo de "Um país, dois sistemas", ao perceber a prontidão com que a República Popular da China ultrapassa seus frágeis limites, e a limitada capacidade do Reino Unido em preservar os termos da Declaração Conjunta Sino-Britânica. Nesta nova realidade, merece nossa atenção analítica o que Yiu-Wai Chu chama de "Um mundo, dois sistemas".[18]

## Emaranhada entre muitos impérios

Após o "giro para a Ásia"[19], anunciado pelo presidente Barak Obama, em 2011, era previsível que políticos norte-americanos de todo o espectro político tenham se precipitado a apoiar Hong Kong, promovendo a Lei de Direitos Humanos e Democracia de Hong Kong (LDHDHK).[20] Isso também realça o retorno de uma geopolítica de guerra fria nos moldes do conflito entre duas superpotências antagônicas – exceto que, desta vez, entre os EUA e a RPC. Esse giro é excepcionalmente irônico, considerando que foram Jimmy Carter, presidente dos EUA, e Deng Xiaoping, secretário

---

[15] Elson Tong, *Reviving Article 23 (Part I): The rise and fall of Hong Kong's 2003 national security bill*, 2018.
[16] Keith Bradsher, *Hong Kong Retreats on "National Education" Plan*, 2012.
[17] "A recap of Hong Kong's Umbrella Movement in 5 minutes", *South China Morning Post*, 2014.
[18] Yiu-Wai Chu, *Hong Kong Studies in the future continuous tense*, 2019.
[19] Ian McPherson, *U.S. President Barack Obama addresses the Australian Parliament*, 2011.
[20] Coletivo Lausan, *Hong Kong Human Rights and Democracy Act: A critical analysis*, 2019.

geral do PCCh, que em 1987 normalizaram relações, abrindo a República Popular da China para o comércio e, em seguida, permitindo gigantescas acumulações capitalistas. Carter chamou isso de sua "cartada da China"[21], segundo a qual as relações amigáveis com Pequim poderiam pressionar a União Soviética em questões como a corrida armamentista. Esse acordo significou o fim de qualquer projeto realmente socialista na RPC.

Atualmente, o amplo apoio de democratas e republicanos à LDHDHK revela que a mesma estratégia está em jogo. Desta vez, os EUA usam a "cartada de Hong Kong" contra a RPC e seus aliados. O conhecido ativista Joshua Wong jogou com a ideia de "nova Guerra Fria"[22], para alertar que a falta de apoio internacional a Hong Kong poderia transformar a cidade na "nova Berlim Ocidental"[23]. A inclinação dos EUA a políticas regressivas, além do interesse mútuo dos estados chinês e norte-americano em colocar os mercados à frente dos trabalhadores, servem como chamado a ambos, céticos e ativistas, na recusa ao binarismo e o uso de povos como moedas de troca.

Ainda assim, essa visão de mundo binária e nacionalista ganhou grande adesão em inúmeros locais da diáspora chinesa na Austrália, Europa, e na América do Norte, sobretudo nos campi universitários[24]. Esses conflitos entre Hong Kong e os nacionalistas da RPC com frequência envolvem troca de insultos e, às vezes, choques físicos. As viagens sob o Oceano Pacífico e a inevitável colisão de fervor nacionalista realçam o presente de maneira vigorosa: a realidade da globalização contemporânea é o profundo emaranhado dos EUA não só com a China, mas também com Hong Kong, uma realidade na qual a guerra comercial EUA-China é apenas o exemplo mais recente. Deveríamos ver isso não como americanocentrismo, mas como sua provincialização. Questões e locais antes distantes e ilegíveis para a maioria nos Estados Unidos,

---

[21] Andrew Glass, *U.S. recognizes communist China, Dec. 15, 1978*, 2018.

[22] Laignee Barron, *Hong Kong Is a Rebel Enclave in a Sea of Totalitarianism. Welcome to the New West Berlin*, 2019.

[23] Liao Yiwu, *In the new Cold War between Pequin and the West, I am a Hongkonger*, 2019.

[24] Shan Windscript, *Can Chinese Students Abroad Speak? Asserting Political Agency amid Australian Nationalist Anxiety*, 2019.

agora batem à sua porta, o que resultou, em algumas regiões, na crescente volta do discurso sobre o "Perigo Amarelo": acadêmicos sino-americanos preocupam-se com o impacto do comportamento paranoico norte-americano em torno de influência e espionagem estrangeiras.[25] Em 2019, diversos cientistas com laços com a República Popular da China foram expulsos de um centro de pesquisa médica, sendo que vistos para estudantes e pesquisadores da RPC diminuíram consideravelmente.

O capital e o acesso a mercados chineses certamente garantem notável alinhamento político, moral e "emocional" das empresas multinacionais pelo mundo. Recentemente, uma tempestade atingiu a NBA quando Daryl Morey, diretor do time de basquete Houston Rockets, tuitou: "Lute pela Liberdade. Apoie Hong Kong." A Blizzard, gigante empresa multibilionária de videogames radicada nos Estados Unidos, também atraiu a ira nacionalista da RPC[26], quando um jogador de Hong Kong expressou apoio aos protestos. Obviamente, a interligação com o capitalismo chinês também direciona um alinhamento automático com o PCCh. Neste quadro, a expressão "dinheiro chinês" condensa um racismo sinofóbico, exacerbado por décadas de conluio entre o setor imobiliário e o governo norte-americano com os capitalistas da China, que estocam suas riquezas em propriedades no exterior. Ao mesmo tempo, essa tendência em reduzir o outro a uma essência específica também sustenta permanentemente em Hong Kong correntes nativistas anti-China continental, cuja xenofobia por vezes manifestou-se[27] nos protestos de 2019.

À luz da estreita relação entre Hong Kong e a manipulação interimperial, é compreensível que alternativas aos pedidos de intervenção tenham dificuldades em se enraizar. O fato de Hong Kong depender da RPC para obter a vasta maioria de seus alimentos e abastecimento de água[28], por exemplo, explica por que algumas pessoas

---

[25] Diana Kown, *US-China Tensions Leave Some Researchers on Edge*, 2019.
[26] Luke Plunkett, *Blizzard Suspends Hearthstone Player For Hong Kong Support, Pulls Prize Money*, 2019.
[27] JN, *Toward a radical Hong Kong imagination*, 2019.
[28] Food and Health Bureau, *Frequently asked questions on food supply in Hong Kong*, 2010.

recorram a uma das superpotências para confrontar a outra. Ainda assim, apelar para os EUA agir a favor dos interesses de qualquer outra nação ou povo que não seja ele próprio já se provou ineficaz diversas vezes. Basta lembrar o repúdio a Taiwan no acordo Carter-Deng no final dos anos 1970, ou olhar para o abandono do governo Trump aos curdos de Rojava, diante da invasão turca, para descobrir que confiar seu destino aos EUA é jogo perdido.

Mas esse jogo é feito de realidades em disputa: para os manifestantes, a aposta na proteção norte-americana vale o risco diante de décadas de sujeição à RPC. Para os EUA, reconhecer que sua economia está emaranhada na RPC se mistura com uma profunda sinofobia anticomunista. Hong Kong sempre esteve embaralhada com múltiplos impérios[29], seja entre o britânico e o decadente império Qing no século XIX ou, após a II Guerra Mundial, entre o império britânico, o PCCh e os EUA, que impuseram cada vez mais suas políticas e demandas militares, tanto sobre a Grã-Bretanha, quanto sobre Hong Kong. A existência da cidade enquanto moeda de troca foi ilustrada de forma dramática em 1960, quando os britânicos tentaram assegurar uma promessa de ajuda militar dos EUA diante da possibilidade de invasão do PCCh a Hong Kong. (Os EUA se recusaram a um compromisso firme, mas ao final concordaram em especular com a disposição de realizar ataques nucleares na China continental, em contraponto a uma invasão.)[30]

## Confiar nos EUA é jogo perdido

Essa paralisante condição semiautônoma baseia-se em um conjunto de negociações do período colonial, realizadas em mesas nas quais nenhum honconguês teve lugar. O potencial transformador dos protestos, com meses de duração, foi precisamente seu caráter quase-insurrecional:[31] a renúncia dos "grandes palcos" (voltados

---

[29] Rey Chow, *Between Colonizers: Hong Kong's Postcolonial Self-Writing in the 1990s*, 1992.
[30] Tracey Steele, "Hong Kong and the Cold War in the 1950s", em Roberts, Priscilla e John M. Carroll (orgs.), *Hong Kong in the Cold War*, 2016.
[31] Grupo de trabalhadores, *Three Months of Insurrection: An Anarchist Collective in Hong Kong Appraises the Achievements and Limits of the Revolt*, 2019.

a líderes políticos), a organização em coletivos formados em torno de afinidades, a recusa em negociar, e os ataques a alvos de ressentimento de classe, todos apontam precisamente à possível dissolução do binarismo e das políticas de cúpula em nível de Estado. Assim, se os honcongueses podem tirar alguma lição dessa renovada retórica de Guerra Fria, que não sirva para reivindicar intervenções, mas se recusar a ser uma "cartada" ou moeda de troca das superpotências.

Muitas das táticas de protesto mais inovadoras, incluindo o *ethos* do "seja água"[32], que prioriza a mobilidade em vez da ocupação, foram adaptadas por outros movimentos contemporâneos, da Indonésia à Catalunha e Atlanta,[33] colocando a resistência de Hong Kong no mapa das ondas internacionais de levantes simultâneos. Em vez de limitar a apenas um local essa dinâmica, a portabilidade dessas táticas realça, paradoxalmente, a extraordinária criatividade de Hong Kong, justamente por incorporar sua luta antigoverno. No lugar disso, a disseminação da estratégia abre novos caminhos que ligam os trabalhadores por todo o mundo, em condições semelhantes de luta, em uma era de austeridade neoliberal acirrada e hiperexploração capitalista.

Enquanto os manifestantes continuam na luta cotidiana, o futuro do movimento segue incerto diante da arrogância infinita do governo Lam, e o paciente e fortalecido regime[34] Xi. O que podemos afirmar com certeza, agora, é que sucumbir à renovação de uma retórica de Guerra Fria estreita de forma considerável nossas avenidas de insurreição e, como sempre, só funciona a favor das elites. Os levantes heterogêneos que ocorrem neste exato momento por todo o globo, incluindo Egito, Chile, Equador, Papua Ocidental e Paris, dos quais Hong Kong é apenas um nodo, demonstram precisamente que a reimposição de uma visão de mundo binária foi e será constantemente desafiada, e que esse desafio sempre vem de baixo.

---

[32] Bruce Lee, "Be as water my friend", 2014.
[33] Mary Hui, *"Be water": Catalan protesters learn from Hong Kong*, 2019.
[34] Andrew J. Nathan, *How China Sees the Hong Kong Crisis*, 2019.

# 10. Porque a esquerda precisa apoiar a luta de Hong Kong por direitos democráticos[1]

Eli Friedman e Ashley Smith[2]

---

[1] "Why leftists should support Hong Kong's fight for democratic rights", *Jacobin*, 5 Dez. 2019, disponível em https://www.jacobinmag.com/2019/12/hong-kong-protests-leftists-international-support.

[2] É editor da publicação teórica marxista *Spectre Journal*, militante socialista e membro dos Democratas Socialistas da América (DSA).

Depois de ondas de protestos, a população de Hong Kong compareceu em número recorde nas eleições ao final de novembro de 2019, para votar contra candidatos apoiados pelo regime, e a favor de partidos pró-democracia, que obtiveram mais de 80% dos assentos. O pesquisador de relações do trabalho Eli Friedman esteve em Hong Kong no período que antecedeu as eleições. Ashley Smith entrevistou-o sobre os desafios que os ativistas enfrentam, e os motivos pelos quais a esquerda internacional deve prestar solidariedade ao movimento.

**AS:** *Você esteve em Hong Kong durante as eleições, em que os candidatos pró-democracia ganharam com uma boa margem. Qual é a importância desse resultado? Qual foi a resposta do Estado em Hong Kong e Pequim?*

**EF:** Nas últimas eleições para os conselhos distritais, os partidos pró-democracia tiveram uma vitória esmagadora, representando um grande revés para o governo da Região Administrativa Especial de Hong Kong e o Partido Comunista Chinês (PCCh). Ainda que muitos em Hong Kong estivessem esperando vitórias à luz da resposta brutal e incompetente do governo à luta social dos últimos seis meses, o resultado foi ainda melhor do que o esperado. Pequim parece ter sido pega particularmente desprevenida.[3]

Algumas coisas são importantes de elucidar a respeito dessas eleições. Os conselhos distritais são o nível mais baixo de governo em Hong Kong, e o único eleito de forma de fato democrática (só uma parte do legislativo é diretamente eleita, e o Chefe do

---

[3] James Palmer, *Hong Kongers Break Pequin's Delusions of Victory*, 2019.

Executivo é escolhido por um comitê composto por 1.200 membros). Os conselhos detêm pouco poder, e são majoritariamente responsáveis pela manutenção dos bairros.

No entanto, essas eleições foram de enorme importância por pelo menos dois motivos. Primeiro, a Chefa do Executivo, Carrie Lam, e seus apoiadores de Pequim, têm argumentado que contam com o respaldo de uma "maioria silenciosa" dos residentes de Hong Kong, que estão irritados com os protestos. Essas eleições mostram de forma irrefutável que a narrativa é falsa. Por mais que ainda não haja um consenso sobre o futuro de Hong Kong, essa votação reflete a ampla insatisfação com o atual regime.

Em segundo lugar, os membros do conselho distrital têm voz nas eleições para Chefe do Executivo (CE). Isso adquire o potencial de desestabilizar as coligações estabelecidas que elegeram o último CE, ainda que não haja razão para acreditar que isso desembocará em um melhor resultado.

A reação do governo não foi animadora. Carrie Lam disse que iria "refletir seriamente",[4] algo que já expressou antes, mas que não teve nenhum impacto visível em suas ações. O ministro das relações exteriores da China, Wang Yi, deu a resposta padrão aos repórteres: "Hong Kong é parte da China".[5] De fato, é notável que o PCCh equipare qualquer oposição ao seu domínio a separatismo.

A mídia oficial sugeriu, sem provas, que os Estados Unidos ou outros elementos estrangeiros tinham interferido nas eleições. Parece provável que o PCCh acredite de fato que o movimento seja organizado por forças estrangeiras hostis, com a intenção de fomentar a independência, ou que estejam cinicamente promovendo esse relato para desviar atenção de suas próprias falhas. Independente disso, já que estão confinados por essa narrativa, a única resposta política que lhes resta, dadas as dinâmicas internas do partido, é a repressão sem concessões.

---

[4] "Hong Kong elections: Carrie Lam promises 'open mind' after election rout", *BBC*, 2019.

[5] "Hong Kong election result draws cautious response from Pequin", *South China Morning Post*, 2019.

**AS:** *Após meses de enormes protestos, o movimento popular em Hong Kong saiu vitorioso nas eleições. Quais as suas principais exigências e qual sua situação atual?*

**EF:** As cinco exigências do movimento são: 1) arquivamento da lei de extradição; 2) fim à sua caracterização como "motim"; 3) anistia plena para manifestantes presos; 4) uma investigação independente sobre a conduta policial; e 5) sufrágio universal real. A primeira exigência já foi cumprida. Esta medida teria permitido às autoridades de Hong Kong extraditar pessoas à China, levando a um temor generalizado, principalmente entre ativistas, de que seriam processados pelos tribunais controlados pelo PCCh, que operam de forma não transparente.

A oposição a este projeto de lei constituiu a faísca inicial do movimento, e muitos acreditam que se a medida tivesse sido retirada em junho, os protestos teriam se esvaziado. Infelizmente para o governo, a resposta linha dura e a brutal repressão pela polícia produziram novas exigências, fazendo com que o recuo final do governo em setembro gerasse pouco impacto.

Existem diversas tendências e correntes políticas com perspectivas distintas dentro do movimento, mas o tema da violência policial de fato ganhou peso, após meses contínuos de repressão. Quanto ao "sufrágio universal real", que significa voto direto para candidatos escolhidos livremente, sabemos que será uma batalha longa e dura, mas reivindicada de maneira ampla.

Parece improvável que a atual intensidade de mobilização e confronto com a polícia possa persistir por muito tempo. Ativistas experientes estão se preparando para uma luta de longo prazo, que será, sem dúvida, menos espetacular, mas provavelmente de igual importância para o futuro de Hong Kong. O choque fundamental entre a necessidade de controle pelo PCCh, e a rejeição de Hong Kong à plena integração ao sistema legal e político chinês, não irá se encerrar, porém ainda é necessário muito para a construção de uma perspectiva positiva de futuro para Hong Kong.

**AS:** *Recentemente, a luta enfrentou repressão violenta do Estado, forçando ativistas do movimento estudantil, em particular, a se defenderem. Como a população em geral respondeu a essa violência estatal? Como isso impactará as manifestações populares?*

**EF:** Muitas pessoas de fora de Hong Kong não conseguem compreender a importância que a questão da violência policial tem para o movimento. Os manifestantes enfrentam tempestades de gás lacrimogêneo e balas de borracha a cada semana, muitos milhares foram atacados pelos policiais a cassetadas, de forma indiscriminada, e inúmeras mulheres foram violentadas na prisão.

A polícia chegou a jogar gás lacrimogêneo *dentro* de uma estação de metrô, provocando uma situação de extremo perigo. A repressão também foi terceirizada para o crime organizado. O exemplo mais assustador deu-se em 21 de julho, na região suburbana de Yuen Long, na qual agressores de camisetas brancas atacaram usuários do transporte, assim como manifestantes.

Em resposta à escalada na repressão, assim como à completa indiferença do governo às marchas multitudinárias, um número não insignificante de manifestantes passou a adotar táticas cada vez mais proativas. O que inclui um pequeno número de exemplos, como atacar contramanifestantes pró-regime. Em um caso aterrorizante, os manifestantes jogaram gasolina e atearam fogo a um deles (que sobreviveu). Outro cidadão morreu ao ser acertado por um tijolo jogado por um manifestante.

Mas, de um modo geral, as pessoas adotaram táticas mais militantes de autodefesa. Talvez as maiores conflagrações do movimento tenham sido na Universidade Chinesa de Hong Kong e na Universidade Politécnica de Hong Kong. Em ambas as universidades, alunos e outros jovens aliados construíram barricadas, arremessaram coquetéis molotov e até lançaram flechas para evitar invasões policiais nos campi.

Para surpresa das autoridades, há amplo apoio, ou pelo menos tolerância, a essas táticas militantes. Verifica-se uma sensação generalizada de que os apoiadores do movimento devem tolerar uma variedade de táticas e, de forma muito acertada, culpar a polícia e o governo pela deterioração da ordem pública. A ação direta e autodefesa em resposta à violência policial foram decerto legitimadas, já que os mecanismos oficiais de representação política são vistos com profunda desconfiança.

**AS:** *Uma das principais perguntas que os ativistas de Hong Kong enfrentam é se esse movimento consegue mobilizar a força da classe trabalhadora. Qual seu grau de enraizamento em Hong Kong? O movimento conseguiu construir vínculos com as lutas dos trabalhadores da China?*

**EF:** O movimento dos trabalhadores de Hong Kong é historicamente frágil, e o governo pós-1997 deu continuidade às políticas antitrabalhistas herdadas dos britânicos. Apesar de Hong Kong ter liberdade de associação, não há direito à convenção coletiva, e o salário mínimo (lamentavelmente inadequado) só foi instituído nos últimos anos. A principal agremiação de sindicatos, a Federação de Sindicatos de Hong Kong, é pro-regime e ativamente hostil ao movimento.

A Confederação de Sindicatos de Hong Kong (CSHK) alinha-se com a oposição, e trabalha para promover os direitos dos trabalhadores em Hong Kong e na China continental. Mas a CSHK e seus sindicatos ainda não têm a capacidade de sustentar mobilizações políticas robustas entre a classe trabalhadora. Essa fraqueza relativa mostrou sua face recentemente, em meio aos chamados por greve geral.

Tais greves foram organizadas em redes descentralizadas que, de forma geral, caracterizam o movimento. Mas os sindicatos têm, de maneira geral, sido incapazes ou relutantes em mobilizar apoio nos locais de trabalho. O resultado foi uma "greve geral" sem capacidade organizativa, o que significa que as intervenções têm se focado nos principais núcleos da infraestrutura de transporte.

Vale a pena apoiar essas táticas, mas elas seriam politicamente muito mais potentes se estivessem articuladas com mobilizações nos locais de trabalho. Os operários militantes da cidade estão bem conscientes disso e trabalham duro para superar a situação.

Há sinais encorajadores de que os trabalhadores estão sendo politizados em meio ao levante social geral. Após intensa pressão de Pequim, a Cathay Pacific demitiu dezenas de empregados por expressar apoio ao movimento, incluindo a presidenta do sindicato de comissários de bordo, Rebecca Sy.[6] A campanha pela readmissão desses trabalhadores, em última instância, não obteve sucesso, mas conseguiu implantar a noção de "terror branco" no léxico do movimento.

Trabalhadores de outros ramos manifestaram interesse em se organizar por motivos políticos, bem como econômicos. Um exemplo surpreendente é o Sindicato Geral dos Empregados da Indústria Financeira,[7] que "tem como objetivo unir colegas, membros do setor de serviços financeiros, para que tenham voz em importantes temas sociais."

Ainda há grandes desafios para que a classe trabalhadora tenha maior influência nos rumos do movimento. Centenas de milhares de migrantes seguem bastante periféricos[8] na construção política. As demandas econômicas são complicadas pela confusão criada por elementos pró-regime, que tentam reduzi-las a um debate sobre os custos de habitação, afirmando que as queixas políticas são mera distração.

A assustadora desigualdade econômica em Hong Kong está intrinsecamente ligada à sua forma oligárquica de governo, mas falta muito para que isso se torne uma questão central do movimento. A nostalgia associada ao período colonial é uma consequência da compreensível insatisfação com o presente, mas o passado do território oferece pouco em termos de política emancipadora.

---

[6] Kris Cheng, *Hong Kong airline Cathay Dragon fires flight attendant union chief amid pressure from China*, 2019.

[7] Alfred Liu, *Hong Kong bank workers set up trade union amid protests in city*, 2019.

[8] Betsy Joles e Jaime, *Domestic workers search for rights amid Hong Kong's protests*, 2019.

*Porque a esquerda precisa apoiar a luta de Hong Kong por direitos democráticos*

Mobilizar-se em torno de uma nova visão por uma Hong Kong mais democrática e equitativa será um trabalho árduo.

Essa tarefa torna-se ainda mais desafiadora pelo fato de que os vínculos com os movimentos de trabalhadores na China continental são basicamente inexistentes. Os ativistas de Hong Kong têm desempenhado um papel crucial no desenvolvimento de organizações de trabalhadores e insurgências na China nos últimos 25 anos, mas os vínculos estão severamente atenuados hoje. Isso se deve ao esforço incansável do PCCh de esmagar formas independentes de organização dos trabalhadores desde 2015, incluindo até as ONGs mais inofensivas. Receber dinheiro ou assistência de Hong Kong é, por si só, arriscado.

Óbvio que o sentimento anti-China em Hong Kong é um problema real e também precisa ser confrontado. Alguns amigos meus levaram cartazes de ativistas trabalhistas chineses presos a um protesto em Hong Kong, e relataram ter ouvido muitas perguntas e manifestações de apoio. Então, a situação não é totalmente sem esperanças para a solidariedade Hong Kong-China Continental, ainda que seja basicamente impossível no momento.

O fato de Hong Kong ser uma ilha de liberalismo, em um mar hostil de autoritarismo, não é normativamente desejável, nem praticamente viável. Como provocação, podemos dizer que se Hong Kong não puder exportar "a revolução de nossos tempos"[9] para o continente, não terá sucesso segundo sua própria métrica.

**AS:** *A esquerda americana e ocidental tem debatido sobre apoiar ou não o levante em Hong Kong. Alguns sublinham os elementos conservadores do movimento, que procura ajuda dos EUA, para argumentar que seriam fantoches de Washington. Qual a sua visão sobre isso, e como a esquerda internacional e, em particular, a norte-americana, deve se posicionar?*

---

[9] Jeffie Lam, *"Liberate Hong Kong; revolution of our times": Who came up with this protest chant and why is the government worried?*, 2019.

**EF:** A desconfiança que a esquerda dos EUA e do ocidente têm do movimento é desconcertante para muitos da esquerda de Hong Kong. Até agora, cedemos terreno a anticomunistas como os senadores republicanos Marco Rubio e Ted Cruz, que falaram energicamente sobre o assunto.

A esquerda de Hong Kong, de anarquistas[10] e organizadores comunitários[11] a socialdemocratas,[12] está profundamente envolvida no movimento. E a razão é simples: o PCCh preside uma forma etno-nacionalista de capitalismo de Estado ditatorial. Após a transferência da soberania pelos ingleses, o PCCh decidiu aliar-se[13] aos magnatas da cidade, permitindo que continuassem a se enriquecer no território, e dando a eles acesso especial ao continente, em troca de lealdade política.

Na China continental, trabalhadores, camponeses e minorias étnicas têm sido tratados com agressividade quando tentam defender ou promover seus direitos. Estudantes marxistas na China são sequestrados, são presos e desaparecem.[14] Praticamente qualquer pessoa de esquerda de Hong Kong, que tente trabalhar na China, não consegue, por conta da repressão estatal.

Portanto, a esquerda de Hong Kong está envolvida de forma ativa nos movimentos para preservar o que resta dos direitos liberais da cidade desde pelo menos 2003, quando protestos em massa derrotaram a muito odiada lei antisubversão, conhecida como Artigo 23.

Se a esquerda de Hong Kong é basicamente unânime em seu apoio ao movimento, por que a esquerda dos EUA hesitou? É preocupante ver manifestantes agitando a bandeira dos Estados Unidos e agradecendo Marco Rubio no Twitter. Acreditar que os

---

[10] Chuang, *Anarchists in the Resistance to the Extradition Bill*, 2019.

[11] Derek Chu Kong-wai e Promise Li, *The "explosive potential" of workers: Meet the left activists elected to district council*, 2019.

[12] Avery Ng, *The Left's Role in the Hong Kong Uprising*, 2019.

[13] Brian C.H. Fong, *The Partnership between the Chinese Government and Hong Kong's Capitalist Class: Implications for HKSAR Governance, 1997–2012*, 2019.

[14] Eduardo Baptista, Yong Xiong e Ben Westcott, *Six Marxist students vanish in China in the lead up to Labor Day*, 2019.

Estados Unidos são um exemplo moral é discutível, mas apelar para Donald Trump por apoio a um movimento pela democracia, ainda que de maneira totalmente instrumental, é, na melhor das hipóteses, uma má estratégia.

Mas por que devemos permitir que os piores elementos de um movimento de massas e incrivelmente plural representem a totalidade desse movimento? Deveríamos negar nosso apoio ao movimento dos trabalhadores nos EUA, porque alguns líderes sindicais são abertamente nacionalistas e xenofóbicos?

As aspirações básicas do movimento em Hong Kong, bem articuladas nas Cinco Reivindicações, são a oposição à violência policial, preservar o mandato legal de sua autonomia em relação ao sistema jurídico da RPC e uma expansão da democracia. Se demandas semelhantes fossem formuladas nos Estados Unidos, nós as apoiaríamos.

Alguns podem afirmar que a democracia eleitoral e uma ordem jurídica burguesa são de pouco benefício para a classe trabalhadora. Pode ser. Mas um capitalismo em que as pessoas podem debater e organizar-se politicamente é muito melhor do que outro, em que atividades semelhantes farão com que você desapareça.

Acho que há um fator adicional não declarado na relutância da esquerda ocidental em falar energicamente sobre Hong Kong, que é o fato de que ela não se encaixa nas narrativas herdadas. Sabemos em um nível intuitivo o que sentir quando há um golpe militar na América Latina. Não há dúvida de como a esquerda responderá às atrocidades israelenses na próxima vez que bombardearem Gaza.

Mas ex-súditos coloniais britânicos que são, em média, bastante privilegiados segundo os padrões globais, lançando molotovs contra os representantes de um regime (nominalmente) socialista? É confuso. Soma-se a isso alguns vídeos de manifestantes vestidos de preto cantando o hino dos EUA, e é compreensível porque somos levados a experimentar um misto de emoções.

A China é um império emergente, completamente incorporado às práticas capitalistas básicas de produção de mercadorias e exploração do trabalho, mas está colocando de ponta-cabeça a centenária ordem imperial euro-americana. O declínio dessa velha ordem não vai, por si só, levar a uma expansão da liberdade humana.

A luta em Hong Kong reflete essas gigantescas mudanças estruturais, e terá profunda influência sobre como uma RPC em ascensão responde a movimentos por autonomia e democracia em outros lugares da sua periferia e além. Deveríamos fazer tudo o que pudermos para apoiar e expressar solidariedade com nossos camaradas de Hong Kong, já que estarão na luta conosco ou sem nós.

# 11.
# De partir a alma[1]

Coletivo Chuang

[1] "Spirit Breaking", *Chuang*, N. 2, 2019, disponível em http://chuangcn.org/journal/two/spirit-breaking/.

Assim que cheguei a Ürümchi, em 2014, conheci um jovem uigur chamado Alim. Ele cresceu em um vilarejo perto da cidade de Khotan, no sul da terra natal uigur, perto da fronteira chinesa com o Paquistão. Alto e quieto, ele fora à cidade em busca de melhores oportunidades. Crítico de muitas das pessoas do interior com quem havia crescido, considerava que elas não tinham ambições capitalistas nem uma compreensão real do mundo muçulmano. Porém, era ainda mais crítico aos sistêmicos e contínuos problemas que haviam levado os uigures ao trabalho migrante e limitado seu acesso ao conhecimento islâmico. Havia pouquíssimas oportunidades econômicas e demasiadas restrições religiosas e políticas nas áreas rurais do noroeste da China, explicou. Desde o início das recentes "campanhas linha dura", que levaram à implementação da "Guerra Popular ao Terror" (em chinês, *renmin fankong zhanzheng*), em maio de 2014, inúmeros no campo passaram a um novo nível de desespero e desesperança.[2] Alim disse: "Se o suicídio não fosse proibido no Islã, muitos o escolheriam como saída." Depois de orar na mesquita, com frequência ele via homens chorando, uns nos braços dos outros – a promessa de redenção futura combinava com a desolação que sentiam em suas próprias vidas. "Você viu *Jogos Vorazes*?", perguntou. "É bem assim que nos sentimos." Mas era difícil para ele colocar em palavras suas emoções. Ele tentava encontrar um enquadramento cultural que contextualizasse a sensação devastadora de sua impotência. Como jovem uigur, tinha pavor de ser pego nas varreduras antiterroristas. Todos os dias, tentava arrancar a ameaça de sua cabeça, e agir como se ela não existisse.

---

[2] A "Guerra Popular ao Terror" é o nome do estado de emergência em curso que foi declarado pelo Estado chinês em maio de 2014, após uma série de incidentes violentos envolvendo civis uigures e han. Ver Zhang Dan, *Xinjiang's Party chief wages "people's war" against terrorism*, 2014.

Conforme fui conhecendo-o melhor, Alim começou a me contar histórias mais explícitas sobre o que estava acontecendo com seu mundo. "A maioria dos jovens uigures da minha idade está danificada psicologicamente", explicou. "Quando estava no ensino fundamental, cercado por outros uigures, eu era bastante extrovertido e ativo. Agora sinto que 'fui quebrado'" (em uigur, *rohi sunghan*). Ele contou histórias de como seus amigos haviam sido pegos pela polícia e espancados, e só foram soltos depois que familiares ricos ou poderosos interviram em seus casos. Ele falou: "Cinco anos atrás, depois dos protestos de 2009, as pessoas fugiram de Ürümchi e foram para o sul (de Xinjiang) para sentirem-se mais seguras. Agora estão fugindo do sul para se sentirem mais em segurança na cidade. Qualidade de vida, assim, é se sentir seguro."

Em 2014, o trauma vivenciado na pátria uigur era intenso. Seguia-os até a cidade, pairava sobre suas cabeças e afetava o comportamento de seus corpos. Deixava as pessoas hesitantes, tensas e cabisbaixas. Fazia-os tremer e chorar. Muitos dos migrantes uigures têm parentes próximos que permaneceram no campo, e com quem seguiam em contato pelas redes sociais. Os rumores do que acontecia no campo eram, portanto, parte constante das conversas cotidianas. Uma vez, conversando com Alim em um parque, ele confidenciou-me que um parente detido em uma prisão perto de sua cidade natal contou o que acontecia por lá. Nos últimos meses, muitas jovens uigures, que antes usavam véus islâmicos, foram presas e receberam penas de 5 a 8 anos de prisão como "extremistas" religiosas, que cultivavam ideologias "terroristas". Enquanto falava, seu lábio inferior tremia. Ele disse que os guardas hans e uigures estupravam repetidamente essas jovens, dizendo que, ao fazer isso, "não sentiam falta das esposas em casa". Eles afirmavam que podiam "simplesmente 'usar' essas garotas". Alim contou essa história em voz baixa, curvado no banco do parque. Seu joelho tocava o meu. Seu sapato tocava o meu. Entre homens uigures, ter um amigo íntimo significa compartilhar o mesmo espaço e dividir a mesma dor. Perto de nós, uma mulher uigur chacoalhava macieiras, enquanto duas outras enchiam sacos com maçãs do tamanho de pequenas pedras (em uigur, *tash alma*). Desviei o olhar de Alim para não chorar.

Muitos uigures tinham as mesmas alegações. Descreviam espancamentos, tortura, desaparecimentos e indignidades cotidianas, que eles e suas famílias sofriam nas mãos do Estado. Às vezes, essas histórias pareciam expressar verdades parciais, mas, não raro, o nível de detalhe e o sentimento emocional que as acompanhava faziam-nas parecer de fato verdadeiras. Parte do dano psicológico generalizado, que Alim mencionou acima, vinha de escutar tais coisas em uma atmosfera que torna todo tipo de atrocidade possível. Mesmo se, em alguns casos, a alegação individual fosse falsa, o tipo específico de violência descrita decerto ocorrera de qualquer forma, ou ocorreria em breve. Por isso, o cotidiano dos uigures era cada vez mais traumático e sem fim.

## I. Como os uigures se tornaram uma minoria chinesa?

Nos relatos oficiais de seu governo na Ásia Central chinesa, o Estado chinês posiciona-se como herdeiro de um império com mais de dois mil anos de idade. A despeito de o nome chinês para a Ásia Central chinesa no século XIX (*Xinjiang*, ou "Nova Fronteira") desmentir essa história, o Estado descreve a terra natal uigur da região sul de Xinjiang como parte inalienável da nação. Nas histórias oficiais, a presença intermitente de postos militares administrados pelos progenitores da maioria étnica han, primeiro durante a Dinastia Han, séculos mais tarde na Dinastia Tang e, depois novamente na Qing, confere um sentimento de continuidade do governo, por milênios, em todo o país. Nessas histórias, ignora-se o fato de que a região passou quase 1000 anos fora do controle do império chinês. Essas versões estatais não reconhecem que a migração de cidadãos de identidade han, patrocinadas pelo Estado, de locais como Henan, Shandong ou Zhejiang não alcançou mais de 5% da população da região até a década de 1950. De raro em raro, menciona-se que Xinjiang não foi nomeada território oficial a nível de província até 1884, após o evento que, na tradição oral uigur, é descrito como um "massacre" de muçulmanos nativos pelos exércitos de um general de Hunan chamado Zuo Zongtang.[3] Esses ancestrais dos uigures contemporâneos haviam tentado recuperar sua soberania nas décadas de 1820 e 1860, como fariam de novo nas de 1930 e 1940.

Ao invés de reconhecer a centralidade da soberania uigur em sua terra natal ao longo da história, em sua narrativa de Xinjiang, o Estado chinês contemporâneo enfatiza a "libertação" dos uigures e outros grupos nativos pelo Exército de Libertação Popular na década de 1940.[4] Grupos não han são, com frequência, representados como pessoas que vivem em condições "atrasadas", "feudais" em terras "não civilizadas" (em chinês, *manhuang*), antes da chegada de seus "libertadores" socialistas do Oriente. Desde a revolução de 1949, diz a narrativa autovalorizadora, a sociedade uigur entrou em estreita harmonia com seus "irmãos mais velhos" han. Diz-se que sua solidariedade na luta socialista compartilhada resultou em níveis crescentes de felicidade e "progresso". Alegam que os uigures, e os 10 milhões de colonos han que chegaram desde 1949, compartilham uma grande igualdade e "solidariedade étnica" (em chinês, *minzu*

---

[3] Eric T. Schluessel, *The Muslim Emperor of China: Everyday Politics in Colonial Xinjiang, 1877-1933*, 2016.

[4] Ao longo deste artigo, os uigures são chamados de "nativos". Essa é a forma mais próxima do termo *yerliq*, que os uigures costumam usar para referirem-se a si mesmos. O termo também pode ser traduzido como "local", mas como *yerliq* também carrega um sentimento de indigeneidade ou enraizamento na terra do sul de Xinjiang, escolhi usar "nativo" como descritivo. Certas ocasiões, também uso "indígena" (*tuzhu*) para referir-me ao conhecimento e práticas culturais dos uigures. Contudo, como esse termo não é amplamente utilizado entre os uigures (não há tradução para isso em uigur e, neste contexto, seu uso em chinês é proibido pelo Estado), não uso o termo para descrever os próprios uigures.

*tuanjie*). No entanto, acredita-se que apenas as minorias possuam "características étnicas" (em chinês, *minzu tese*). Tanto os sofisticados libertadores han quanto os "étnicos" (em chinês, *minzu*) são descritos como felizes cidadãos da próspera nação. É claro que, apesar dessa retórica da libertação econômica e multiculturalismo harmonioso, tudo claramente não está bem entre os uigures e o Estado. De fato, quase desde o início da República Popular de 1949, os uigures viveram níveis decrescentes de poder e autonomia em relação aos colonos han e, como os relatos de Alim demonstram, experimentam níveis cada vez mais altos de medo.

*A Questão Chinesa*

*De partir a alma*

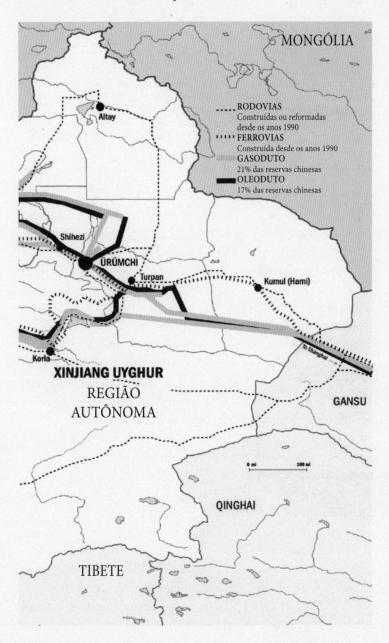

Fonte: Chuang, V. 1, 2016, p. 490-491 (mapa 7)

A Ásia Central chinesa, ou *Xinjiang*, está localizada no extremo noroeste da China contemporânea. Faz fronteira com oito nações, desde a Mongólia até a Índia. O maior grupo de pessoas nativas dessa grande província são os uigures, uma minoria muçulmana turcomena, que compartilha uma língua mutuamente inteligível com os uzbeques, cazaques e quirguizes. Assim como os uzbeques, os uigures praticam agricultura irrigada, de pequena escala, há séculos nos oásis do deserto da Ásia Central. Na atualidade, existem cerca de 11 milhões de pessoas identificadas como uigures, de acordo com estatísticas oficiais do Estado chinês, embora as autoridades locais calculem que possa haver até 13 milhões. Na fundação da República Popular da China, em 1949, a população de habitantes da região identificados como han era de menos de 5%, e os uigures compreendiam quase 80% da população total. Hoje, os uigures somam menos de 50% da população total, e os han, mais de 40%. Essa mudança na demografia começou na década de 1950, quando o Estado chinês transferiu milhões de ex-soldados para a região, a fim de trabalharem como agricultores em colônias militares na parte norte da província. Membros do Corpo de Produção e Construção de Xinjiang (em chinês, *bingtuan*), eles foram enviados para as fronteiras, em uma tentativa de protegê-las contra a expansão da União Soviética. O objetivo principal do projeto não era assimilar populações nativas, mas transformar as pastagens cazaques em colônias agrícolas irrigadas, redistribuir a população de ex-soldados e garantir a integridade territorial da nação.

Embora os modos de vida uigures tenham sido profundamente afetados pelas reformas socialistas dessa época, eles continuaram a viver nas áreas de maioria uigure no sul de Xinjiang até os anos 1990, quando o investimento público e privado levou novas infraestruturas à sua terra natal. Desde o início dos projetos, milhões de colonos han mudaram-se para terras uigures para trabalhar nos campos de petróleo e gás natural, transformando as cidades-oásis uigures em centros de comércio transnacional. Tais eventos mais recentes tiveram um grande efeito na autonomia local, porque aumentaram de maneira significativa o custo de vida dos uigures e, ao mesmo tempo, excluíram-nos de novos projetos de desenvolvimento. A percepção difundida da ocupação estatal chinesa das suas terras levou a protestos generalizados entre a população uigur. Em resposta ao descontentamento, o Estado incrementou as iniciativas para assimilar os uigures, à força, na sociedade han dominante, mudando o sistema educacional da língua uigur para a chinesa, e implementando restrições cada vez maiores às práticas culturais e religiosas uigures. Ao mesmo tempo, novas infraestruturas de comunicação, como celulares e redes 3G que abrangem toda a região, deram a eles acesso a um mundo islâmico mais amplo, que antes não estava acessível. Tal fato levou a um amplo movimento de devoção islâmica entre os uigures. Embora na maioria dos casos esse impulso seja apenas uma adaptação uigur do hanafismo, popular escola do islamismo sunita,[1] ele foi interpretado como uma onda de "extremismo religioso" pelas autoridades locais. Essa mudança em direção a novas formas de prática religiosa foi vinculada, pelos funcionários do partido, muitas vezes de maneira bastante tangencial, a incidentes violentos envolvendo civis uigures e han. Após uma série de embates como os de 2009 a 2014, tanto em Xinjiang quanto em outras partes da China, em 26 de maio de 2014, o secretário do partido pela província, Zhang Chunxian, junto com Xi Jinping, anunciou um estado especial de emergência, que chamaram de "Guerra Popular Contra o Terror".

Desde a implementação desse atual estado de emergência, a situação dos uigures tornou-se cada vez mais precária. A ascensão da islamofobia chinesa juntou-se à ascensão da islamofobia americana e ao apoio tático de empresas de segurança privada conectadas

---

[1] A escola hanafi de islamismo sunita representa uma das maiores populações no mundo islâmico. A maioria dos muçulmanos na Turquia, Egito, Centro e Sul da Ásia aderem a essa corrente jurídica. Cerca de um terço de todos os muçulmanos do mundo identificam-se como hanafi. É tipicamente descrita como uma das formas mais flexíveis de ortopraxia devocional no que diz respeito às relações com não-muçulmanos, liberdade individual, relações de gênero e atividade econômica. Ver Christie S. Warren, *The Hanafi School*, 2013.

ao governo Trump.² A amplamente divulgada atividade de várias centenas de uigures no Estado Islâmico deu crédito às reivindicações chinesas de "extremismo" generalizado, entre toda a população uigur, de 11 milhões de pessoas. Como consequência, quase todos os uigures são agora considerados culpados de tendências "extremistas", sujeitos à ameaça de detenção e reeducação. Dezenas de milhares de uigures, sobretudo homens até 55 anos de idade, foram detidos indefinidamente.³ Em diversos casos, o Estado retirou crianças de famílias uigures para criá-las em internatos de língua chinesa como seus tutelados.⁴

O estado de emergência na Xinjiang contemporânea é mais do que um simples projeto de "conflito étnico" ou "antiterrorismo". É, na verdade, um processo de eliminação social que está sendo aplicado a um povo nativo do noroeste da China, que une a desapropriação racializada, inerente ao desenvolvimento capitalista, ao policiamento racializado, inerente à retórica do terrorismo. Ao longo de sua história, o capitalismo na Europa e na América do Norte incorporou uma forma de acumulação "original" de capital, que foi naturalizada pela produção de diferenças étnicas ou raciais. Essas foram usadas para justificar a desapropriação e a dominação de minorias. Enquanto o esquema de desenvolvimento socialista do Estado chinês moderno era marcadamente diferente dos projetos europeu e norte-americano, ela já não parece dominar em tempos de terror. Apesar de sua posição na história socialista da nação, o "terror" agora enquadra os uigures como "subumanos", de maneira similar aos enquadramentos das populações nativas como "selvagens", durante as guerras de conquista e acumulação europeias e norte-americanas.

---

[2] Chris Horton, *The American mercenary behind Blackwater is helping China establish the new Silk Road*, 2017, e Rune Steenberg Reyhe, *Erik Prince Weighing Senate Bid While Tackling Xinjiang Security Challenge*, 2017.

[3] Human Rights Watch, *China: Free Xinjiang "Political Education" Detainees*, 2017.

[4] Darren Byler e Eleanor Moseman, *Love and Fear among Rural Uyghur Youth during the "People's War"*, 2017.

## II. Os Efeitos da Política Chinesa de Reconhecimento Étnico

Na Europa, o léxico e a prática do imperialismo foram moldados pela maneira pela qual os colonizadores franceses recorriam ao Império Russo como modelo de conquista e, por sua vez, pela maneira conforme os imperialistas russos recorriam à conquista dos EUA de terras nativas americanas, como modelo para suas próprias tentativas de colonização das estepes e desertos da Sibéria e da Ásia Central.[5] Essa genealogia do pensamento colonial russo é importante porque descentraliza o domínio da Europa Ocidental como progenitora do império e da expansão colonial. De fato, os projetos imperiais chineses na dinastia Qing, e também no período republicano, mobilizaram-se em torno de "uma forma virulenta de nacionalismo racial", *vis-à-vis* outras populações asiáticas fora do processo comparativo de construção de impérios.[6] Os reformadores do período republicano tardio recorreram aos seus concorrentes mais próximos, Japão e Rússia, além do Império Britânico ao sul, já que eles também construíram sua nação nos andaimes do regime dinástico.

O processo de expansão política e material da República Popular da China (RPC) para a Ásia Central chinesa, no início dos anos 1950, foi caracterizado por relações de dominação e projetos de engenharia e eliminação social. Como na União Soviética, a RPC seguiu uma lógica de reengenharia sociocultural sob o pretexto de eliminar ameaças "contrarrevolucionárias". É claro que as ameaças do "nacionalismo local" eram, em muitos casos, apenas um eufemismo para diferença etnorracial e soberania nativa.[7] Em Xinjiang, a existência de nativos uigures foi, assim, um dos principais obstáculos ao projeto de construção da nação. Esse desafio produziu múltiplos

---

[5] Ann Laura Stoler e Carole McGranahan, "Refiguring Imperial Terrain", em *Imperial Formations*, Ann Laura Stoler, Carole McGranahan e Peter Perdue (orgs.), 2007, p. 3-42.
[6] Ibid., p. 25.
[7] David Brophy, *The 1957-58 Xinjiang Committee Plenum and the Attack on "Local Nationalism"*, 2017.

resultados. Por um lado, o Estado esforçou-se para encolher as instituições religiosas e culturais da sociedade uigur, enquanto, por outro, procurou criar uma nova sociedade socialista nas terras nativas. Embora a falta de infraestrutura, a pobreza e a diferença linguística tenham retardado a conclusão desse processo de reengenharia, o objetivo geral do Estado colono da RPC era, desde o início, o acesso à terra e aos recursos, com a eliminação contínua de todos os obstáculos que se colocassem em seu caminho.

Na tentativa de atingir seus objetivos de reengenharia, o paradigma da minoria étnica chinesa instituído em 1954 estabeleceu formas particulares de diferença permitida nas sociedades minoritárias.[8] Esse processo foi viabilizado por cientistas sociais, que começaram a usar a etnologia, sobretudo a antropologia linguística – emprestada de colonialistas britânicos e russos e moldada por formas de identificação mais antigas específicas dos han – para identificar "nacionalidades" (em chinês, *minzu*), nas periferias da jovem República Popular.[9] A identificação da demografia multinacional da China ampliou certas categorias, e desintegrou outras, em um índice legível de minorias étnicas discretas. Treze grupos, incluindo os uigures, foram assim identificados em Xinjiang. Ao final da década de 1950, muitas instituições culturais e religiosas uigures – de escolas a mesquitas – haviam sido transformadas em instituições do regime desenvolvimentista. Essa forma de reconhecimento minoritário serviu ao propósito de forçar um grupo nativo a participar de uma narrativa de multiculturalismo socialista "harmonioso". Também definiu formas impróprias de diferença, abrindo-as para o controle do Estado. Essa engenharia humana dependia da colocação de pessoas em atribuições étnicas ou nativas na sua essência, enquanto, ao mesmo tempo, restringia profundamente a autoridade e a autonomia das instituições religiosas e culturais nativas. Depois de 1957, os líderes das instituições sociais uigures foram nomeados pelo Estado,[10] e o conteúdo

---

[8] Louisa Schein, *Minority rules: The Miao and the feminine in China's cultural politics*, 2000.
[9] Thomas Mullaney, *Coming to terms with the nation: ethnic classification in modern China*, 2011.
[10] Brophy, 2017.

das instituições culturais uigures permitidas acabou, ele mesmo, selecionado e codificado pelo Estado. Na hierarquia da nação, as minorias na China, sobretudo as fenotipicamente marcadas como racialmente diferentes (tibetanos, mongóis, uigures e cazaques), ficaram com papéis sociais subservientes, de "irmão mais novo". Os "libertadores" han, por outro lado, descreviam-se como "irmãos mais velhos".

No caso uigur, o multiculturalismo, como uma relação de dominação dos han sobre as minorias, resultou em uma propagação de invenção de novas categorias culturais. Sob a direção de Zhou Enlai, no início dos anos 1950, "professores, acadêmicos e especialistas" incumbiram-se de ensinar aos uigures como serem étnicos.[11] Em meados dos anos 1950, o processo de identificação começou a codificar práticas culturais e tradições orais em relação a uma ideologia imposta: abundavam trupes de canto e dança, trajes étnicos foram identificados e essencializados e inventaram-se novos gêneros de literatura e performance socialistas.[12] As formas descentralizadas da tradição oral e do espaço sagrado nativo muçulmano, centrais para os sistemas de conhecimento das pessoas nativas da terra uigur, foram, assim, moldadas a uma forma gerenciável pelo Estado chinês.[13] Como nas colônias britânicas e russas, as diferenças eram permitidas e incentivadas, contanto que não conflitassem com os ideais dominantes do Estado.

Essa transformação cultural também teve impacto direto na organização da vida dos uigures. Durante o Grande Salto Adiante (1958-1962), muitas famílias na terra Uigur foram transferidas de propriedades unifamiliares para comunas interioranas, nas quais todas as edificações tinham a mesma altura e as refeições diárias eram compartilhadas. Assim como em outras partes da China, o trabalho foi coletivizado, e o excedente não cedido ao Estado

---

[11] Han Ziyong, *Han Ziyong: Xinjiang wenhua shi Zhongguo wenhua de yi ge buke huo que de siyuan* (*Han Ziyong: a cultura de Xinjiang é uma fonte indispensável de cultura chinesa*), 2009.

[12] Xinjiang Weiwuer Zizhiqu Bianjizu, *Nanjiang Nongcun Shehui* (*Sociedade do Vilarejo do Sul de Xinjiang*), 1953.

[13] Rian Thum, *The Sacred Routes of Uyghur History*, 2014.

era compartilhado. Embora populações de trabalhadores han tenham sido transferidas para colônias agrícolas estatais no norte de Xinjiang, os uigures continuaram a viver em áreas com predominância uigure no sul de Xinjiang. No período inicial da RPC, o multiculturalismo socialista foi fortemente sentido pelos uigures em termos de uma ideologia imposta, e em formas de produção e consumo. No entanto, a falta de infraestrutura e recursos impediu a total assimilação da sociedade uigur na nação chinesa. Na verdade, durante esse período, os funcionários do povo han, que eram alocados na terra uigur, frequentemente aprendiam a língua local, tornando-se membros ativos dessas comunidades. Os uigures jovens ainda cresceram falando sua língua nativa. Muitos uigures rurais não conheciam falantes nativos de chinês até os anos 1990, quando uma ampla transformação da economia de Xinjiang levou milhões de pessoas que se identificavam como han à terra uigur.

## Após a Segunda Libertação (legados socialistas e desenvolvimento capitalista)

Realizar o antigo modelo de multiculturalismo ficou ainda mais complicado pelo surgimento da liberalização de mercado em Xinjiang, no início dos anos 1980. Conforme o Estado se movia, aos trancos e barrancos, do desenvolvimento socialista para a acumulação capitalista e a supressão do "terrorismo" que a acompanhava, o desalojamento dos modos de vida nativos se aguçou. Muitos uigures referem-se à década de 1980 como uma "Era de Ouro", quando as possibilidades da vida pareciam se abrir. A relativa liberdade econômica, política e religiosa que acompanhou o Período de Reforma e Abertura parecia prometer um futuro melhor. Não poucos colonos han, que haviam chegado à parte norte da região durante as campanhas maoístas para proteger as fronteiras, foram autorizados a retornar às suas cidades natal no leste da China. Mas, com o colapso da União Soviética, em dezembro de 1991, e a independência das repúblicas da Ásia Central, o Estado chinês viu-se, de repente, confrontado com tensões crescentes em relação ao desejo dos uigures por independência. Ao mesmo tempo, a fratura da Rússia, rival imperial de longa data da China, oferecia novas zonas para construir influência chinesa. Mais importante ainda, criava oportunidades para acessar recursos energéticos. Uma das principais preocupações entre as autoridades estatais da região era a de que as novas liberdades desfrutadas pelos uigures na década de 1980 ameaçassem desabrochar em um retumbante movimento de independência. Na medida em que as relações comerciais uigures aumentavam nos mercados emergentes do Quirguistão e Cazaquistão, e o intercâmbio cultural e religioso com o Uzbequistão reacendeu, as autoridades chinesas ficaram cada vez mais preocupadas que os uigures começassem a exigir a autonomia prometida na década de 1950. O Estado estava bastante preocupado com o fato de que as repúblicas recém-independentes da Ásia Central pós-soviética seriam aliadas na luta uigur por maior autonomia. Como resultado dessas preocupações, o objetivo subjacente das tentativas do Estado chinês de controlar os mercados da Ásia Central e comprar o acesso a seus recursos naturais tornou-se o de garantir "que esses Estados não apoiem a causa uigur em Xinjiang nem que tolerem movimentos de exilados no seu próprio solo."[14]

Ao mesmo tempo em que o Estado chinês estendia seu controle na Ásia Central pós-soviética, também anunciou uma nova política, que transformaria a terra uigur em um centro de comércio, infraestrutura capitalista e desenvolvimento agrícola, capaz de atender ainda mais às necessidades da nação. Uma das principais ênfases da nova proposta estava na necessidade de estabelecer Xinjiang como uma das principais regiões produtoras de algodão da China. Dado o crescimento exponencial da produção de roupas para o mercado no leste da China na década de 1980, o Estado concentrou-se em encontrar uma fonte barata de algodão doméstico para atender à demanda mundial crescente por camisetas e jeans produzidos na China.

---

[14] Nicolas Becquelin, *Xinjiang in the Nineties*, 2000, p. 65-90.

Como resultado dessa iniciativa, o investimento em infraestrutura na Ásia Central chinesa foi expandido de apenas 7,3 bilhões de yuans em 1991 para 16,5 bilhões em 1994. No mesmo período, o produto interno bruto da região quase duplicou, atingindo inéditos 15,5 bilhões.[15] Grande parte desse novo investimento foi gasto em projetos de infraestrutura, ligando a terra uigur às cidades chinesas a Leste. Em 1995 haviam concluído a Rodovia Taklamakan, que cruzava o deserto, conectando a cidade-oásis de Khotan (em chinês, *Hetian*), a Ürümchi, reduzindo o tempo de percurso pela metade. Em 1999, a ferrovia havia sido expandida de Korla para Aqsu e Kashgar, abrindo o centro da terra Uigur para migração han direta e ao comércio chinês. Durante o mesmo período, a capacidade das ferrovias que ligam Ürümchi ao leste da China dobrou, permitindo um aumento dramático nas exportações de recursos naturais e agrícolas da província para as fábricas no leste da China.

Conforme a infraestrutura foi construída, implementaramse também novas políticas de assentamento. Como as políticas colonialistas do período socialista, esses novos projetos visavam tanto aliviar a superlotação no leste da China, quanto centralizar o controle sobre a fronteira. Mas, diferente das transferências populacionais anteriores, esse novo movimento colonialista foi também impulsionado pela expansão capitalista. Pela primeira vez, os colonos han tiveram a promessa da mobilidade ascendente através do lucro na economia de caixa e no investimento de capital. Para começar, esse empreendimento, chamado de "Abrir o Noroeste" (em chinês, *Xibei kaifa*), estava centrado na produção de algodão em escala industrial. O Estado criou incentivos financeiros para transformar tanto as áreas de estepe, quanto as desérticas, para o cultivo de algodão, com uso intensivo de água por agricultores uigures nativos e por um número crescente de colonos han. Como parte desse processo, introduziram programas de incentivo para que os agricultores han mudassem para Xinjiang, para cultivar

---
[15] Nicolas Becquelin, op. cit., p. 67.

e processar algodão a ser usado nas fábricas chinesas. Em 1997, a área de produção de algodão em Xinjiang dobrou em relação à quantidade de terra cultivada em 1990. A maior parte dessa expansão ocorreu no que havia sido o território uigur entre Aqsu e Kashgar. Em menos de uma década, a Ásia Central chinesa tornou-se a maior fonte de algodão doméstico da China, produzindo 25% de todo o produto consumido no país.

No entanto, apesar desse aparente sucesso, preocupações importantes começaram a surgir. Uma das principais foi a maneira como a nova mudança na produção e nos assentamentos estava afetando a população nativa. Muitos colonos han lucraram com seu trabalho na indústria de algodão de Xinjiang como trabalhadores sazonais de curto prazo, que recebiam altos salários, como assentados que ganhavam moradia e terra subsidiadas e gerentes de fazendas de maior porte. Mas os uigures afetados pela mudança na produção não se beneficiaram no mesmo grau. Eram com frequência forçados a converter suas fazendas de policultura pré-existentes em monocultura de algodão, para atender às cotas impostas regionalmente. Também viam-se obrigados a vender seu algodão apenas para empresas estatais administradas pelos han, a preços baixos fixos. Essas empresas, por sua vez, vendiam o algodão pelo preço total de mercado para fábricas no leste da China. Dessa maneira, inúmeros fazendeiros uigures entraram em espirais de empobrecimento, enquanto muitos (embora não todos) os assentados han prosseguiram beneficiando-se das mudanças nas tendências econômicas. A exploração do trabalho, aliada à desapropriação, deu origem a um progressivo sentimento de opressão.Eles aumentaram segundo crescia a necessidade de fontes baratas de energia nas cidades do leste da China, em franco desenvolvimento.

No início dos anos 2000, a terra uigur havia assumido a aparência de uma colônia periférica clássica. No contexto da nação como um todo, a principal função da província constituía em suprir as metrópoles de Pequim, Xangai e o Delta do Rio das

Pérolas, a Leste, com matérias primas e insumos industriais. A produção de algodão continuou como na década de 1990, mas no princípio dos anos 2000 a produção industrial de tomate também havia sido introduzida como produto primário de exportação. Até 2012, a região produziu cerca de 30% das exportações mundiais desse legume.[16] Um movimento semelhante também ocorreu com o gás natural e o petróleo, que começaram a fluir para o leste da China a partir de Xinjiang, depois da conclusão da infraestrutura de dutos no início dos anos 2000.[17] Em poucos anos, as vendas de petróleo e gás passaram a representar quase metade da receita da região. No início dos anos 2000, a terra uigur havia se tornado a quarta maior área produtora de petróleo do país, com uma capacidade de 20 milhões de toneladas por ano. Dado que a área tinha reservas comprovadas de petróleo de mais de 2,5 bilhões de toneladas e 700 bilhões de metros cúbicos de gás natural, não resta dúvida de que a região era considerada uma das principais futuras fontes de energia da China.[18] Ao mesmo tempo, como na maioria das colônias periféricas, a grande maioria dos produtos manufaturados consumidos em Xinjiang vinha das fábricas do leste da China. Assim, as roupas fabricadas com algodão de Xinjiang acabavam compradas de volta de empresas do leste da China, a preços inflacionados.

Dado o esforço para reduzir a dependência de algodão, petróleo e gás estrangeiros, bem como acelerar a colonização de povoamento da terra uigur, durante esse período, o governo central continuou a fornecer cerca de dois terços do orçamento da região. No início dos anos 2000, o governo Hu Jintao levou o projeto regional mais antigo, "Abrir o Noroeste", a um novo nível, nomeando-o "Abrir o Oeste". Agora toda a China periférica, incluindo a Mongólia Interior e o Tibete, haviam se tornado alvo de projetos de povoamento e desenvolvimento, embora a Ásia Central chinesa continuasse a receber um número maior de migrantes em relação

---

[16] Ver Shao Wei, *China Becomes Tomato Industry Target*, 2012.
[17] Nicolas Becquelin, *Staged Development in Xinjiang*, 2004, p. 358-378.
[18] Ibid., p. 365.

a outras regiões. Dado o modo como o antigo projeto "Abrir o Noroeste" resultou em um crescimento econômico rápido e sustentado de mais de 10% ao ano desde 1992, o Estado estava ansioso por levar adiante os projetos de desenvolvimento, abrindo novos mercados e novos locais para produção industrial.[19]

Entre 1990 e 2000, a população de assentados da etnia han cresceu a uma taxa duas vezes maior do que a população nativa. O desenvolvimento de investimentos de capital fixo e produção agrícola industrial para exportação, que acompanhou a campanha "Abrir o Oeste", teve o efeito de aumentar rápido a taxa de assentamentos han nas áreas uigur e tibetana.[20] No final dos anos 2000, a população han havia superado a uigur, embora ainda não fosse a maioria da população geral, sendo que, em diversas áreas, os uigures ainda eram a grande maioria.

O caos lucrativo do rápido desenvolvimento e desapropriação gerou enormes oportunidades em especulação imobiliária, empreendimentos de recursos naturais e comércio internacional para os colonos han, mas produziu aumentos exponenciais no custo de vida e vasta desapropriação da terra e habitação dos uigures.[21] Os custos de produtos básicos como arroz, farinha, óleo e carne subiram mais do que o dobro. Embora os preços das moradias urbanas tenham dobrado ou triplicado, os projetos de urbanização da zona rural uigur colocaram os uigures em novos complexos habitacionais, que dependem de pagamentos regulares por aquecimento central e eletricidade. O sistema de policultura em escala reduzida, com pequenos rebanhos de ovelhas e hortas, também foi prejudicado por esse processo. O subemprego acabou exacerbado pela vasta consolidação da terra uigur como fazendas industriais e, mais recentemente, pelas restrições à migração de mão-de-obra.

---

[19] Nicolas Becquelin, op. cit., p. 363.
[20] Emily T. Yeh, *Taming Tibet: landscape transformation and the gift of Chinese development*, 2013.
[21] Tom Cliff, "Lucrative Chaos: Interethnic Conflict as a Function of the Economic 'Normalization' of Southern Xinjiang", em Ben Hillman e Gray Tuttle (orgs.), *Ethnic Conflict and Protest in Tibet and Xinjiang: Unrest in China's West*, 2016, p. 122-150.

O caos capitalista aumentou o endividamento entre os uigures, que são, de modo sistemático, impedidos de receber linhas de crédito de juros baixos por bancos nacionalizados, o que impõe restrições a empréstimos para uigures devido a uma concepção de que teriam uma pré-disposição para as "três forças": o reformismo islâmico, a autodeterminação nacional e resistência violenta. De acordo com muitos migrantes uigures, os han proprietários ou banqueiros encontraram cada vez mais maneiras de despejar os uigures, donos de negócios ou proprietários de imóveis, para substituí-los por inquilinos han. Inúmeros uigures migrantes observam que enfrentaram preconceito ao buscar empréstimos ou autorizações de compra e venda.[22] Enquanto isso, bancos e proprietários são, em geral, bastante ávidos por conceder empréstimos aos colonos han para compra de imóveis ou descontos em investimentos de negócios.

Um etnorracismo insidioso é, com frequência, o que motiva tais decisões. Ao contrário dos han assentados, os uigures são, não raro, vistos pelos credores han como pessoas que não têm a disciplina necessária para o progresso capitalista. Como o assessor econômico de Estado de Xinjiang, Tang Lijiu, colocou, "Por causa de seu estilo de vida, pedir (aos uigures) que entrem na grande produção industrial, na linha de produção: eles provavelmente não são adequados para isso".[23] Para não poucos empresários han, lidar com uigures é visto como algo muito "problemático". Pela mesma razão, avisaram aos uigures que não precisavam se candidatar a empregos de alta qualificação nos empreendimentos de recursos naturais, que são universalmente controlados pelos colonos han. Por causa da suposta ameaça que os uigures representam como "terroristas" em potencial, para a grande maioria dos uigures, o Estado também se recusa a emitir documentos legais para viajar e fazer comércio doméstico e internacional. Como resultado, as minorias nativas vêm caindo em uma espiral de pobreza, ao mesmo tempo em que a sociedade han ao redor torna-se cada vez mais rica.

---

[22] Com base em entrevistas realizadas pelo autor em 2014 e 2015.
[23] "Let them shoot hoops", *The Economist*, 2011.

O rápido desenvolvimento corporativo e o assentamento dos han na terra uigur, combinados com a chegada da retórica do "terrorismo", tiveram o efeito de adaptar formas mais antigas de multiculturalismo socialista a um processo distintamente capitalista de racialização. Esse método tornou-se mais aparente após o início da "Guerra Global ao Terror" dos Estados Unidos, em 2001, quando quase todas as formas de resistência dos uigures começaram a ser descritas como terrorismo pelo Estado chinês e pela cultura popular han. Os corpos "escuros" dos homens uigures viraram sinônimo de perigo e de virilidade "selvagem" (em chinês, *yexing*). Essa maneira de descrever os corpos uigures institucionalizou-se entre a polícia e funcionários do governo através de frequentes reportagens da mídia estatal sobre os protestos dos uigures. Vários funcionários e especialistas chineses em terrorismo que entrevistei descreveram os jovens uigures explicitamente nesses termos. Em 2014, havia cartazes nos distritos uigures de Ürümchi, retratando e rotulando a aparência de moças e rapazes uigures religiosos e de origem rural como evidência de terrorismo (ver imagem acima). A polícia ativamente selecionava jovens uigures de origem rural de baixa renda nos postos de controle. Essa institucionalização do poder sobre os corpos dos uigures define esses fenômenos não apenas como características da discriminação étnica, mas como um expansivo processo de racialização, comparável a processos semelhantes que ocorreram nos EUA, no Império Britânico e em lugares como a África do Sul.[24]

No entanto, muitos relatos da violência que ocorreu nessa região falam de um "conflito étnico", colocando-a na mesma categoria que os conflitos civis em outros espaços dos "países em desenvolvimento". O que tais narrativas ignoram é a possibilidade de novas sequências de racialização, comparáveis à instituição do

---

[24] Uma definição simplificada desse processo de desenvolvimento capitalista e racialização é quando as instituições estatais que apoiam o desenvolvimento econômico de um grupo dominante permitem que os corpos e valores desse grupo sejam lidos como superiores aos de outros minoritários. Essa forma básica de racialização permite a rápida desapropriação de outros minoritários através de instituições da lei, da polícia e do sistema educacional. Como os corpos das minorias são lidos como inferiores, eles não recebem as mesmas proteções que aqueles vistos como racialmente superiores. Esse processo de "acumulação original" e racialização faz parte da lógica do desenvolvimento capitalista. Ver Cedric J. Robinson, *Black Marxism: The Making of the Black Radical Tradition*, 1983.

apartheid na África do Sul, ou à violenta segregação da Palestina, talvez porque os próprios han foram sujeitados ao racismo europeu e americano. O racismo que está sendo produzido na terra uigur, por meio de processos contemporâneos de racialização é, evidentemente, específico desse momento e desse lugar em particular. No entanto, é importante nomeá-los como raciais, e não étnicos ou culturais, porque nos permite ver como as instituições econômicas e políticas sedimentam as diferenças entre os grupos. Denominar esse processo como racialização centraliza a forma como a exploração capitalista é corporificada. As características internas dos trabalhadores são traçadas por instituições jurídicas, econômicas e educacionais, "pela cor de suas peles, vestimenta, idioma, odor, sotaque, penteado, modo de caminhar, expressões faciais e comportamento".[25] Os uigures foram e continuam sendo submetidos a uma forma particular de racialização, impulsionada pelo Estado chinês e pelos colonos han sob sua alçada. Essa racialização fornece uma justificativa *a priori* para instituições expansivas de controle e para as populações que elas beneficiam, mesmo enquanto essas instituições estão constantemente produzindo e reforçando o próprio processo de racialização, na forma de dominação étnica direta sobre a população uigur.

## III. A Mudança do Terror

O poder do imaginário etnorracial de inclusão ou multiculturalismo tem sido tanto uma bênção quanto um pesadelo para os povos minoritários na China.[26] Por um lado, essa política de inclusão reduz o impulso em direção a um genocídio físico em massa do tipo visto na colonização norte-americana inicial. Por outro prisma, cria um falso senso de "bondade" por parte do colonizador, e reconhece erroneamente o racismo sistêmico. Na

---

[25] Sareeta Amrute, *Encoding Race, Encoding Class: Indian IT Workers in Berlin*, 2016, p. 14.
[26] Uradyn E. Bulag, "Good Han, Bad Han: The Moral Parameters of Ethnopolitics in China", em Thomas S. Mullaney, James Leibold, Stéphane Gros e Eric Vanden Bussche, *Critical Han Studies: The History, Representation, and Identity of China's Majority*, 2012, p. 92-109.

China contemporânea, as minorias colonizadas como mongóis, uigures e tibetanos "têm sido frequentemente criticadas por amarem demais seus próprios grupos. Seu amor próprio foi denunciado como *minzu qingxu* (sentimento de nacionalidade)."[27] Diz-se que esse sentimento ou espírito se manifesta como "separatismo", "terrorismo" e "extremismo" religioso. Isso resulta em "crimes de ódio" (em chinês, *chouhen zuixing*) por minorias em relação aos membros da "boa" maioria que "libertaram" seus territórios, povoando-os e levando-lhes a economia moderna e a moralidade han. Os crimes de ser nativo demais são naturalmente triturados pelo Estado. Mas, mesmo quando o Estado esmaga a discordância, muitos han, que se consideram "pessoas boas" do lado da inclusão socialista, se perguntam: "Por que eles nos odeiam assim, depois de termos feito tantas coisas boas para eles?" A falta de uma imprensa e academia chinesas independentes impede a possibilidade de manter um diálogo crítico aberto sobre por que apenas os crimes de minorias contra os han podem ser classificados como odiosos ou terroristas.[28] Em vez disso, os cidadãos han da nação, "bons" e inclusivos, sentem-se compelidos a dar aos uigures ingratos uma boa lição sobre tolerância, com a instrução moral dos han. As reivindicações das minorias à soberania de sua própria terra, fé, língua, conhecimento e existência podem, portanto, serem lidas como "más", como resistentes à bondade dos han.

A falência moral do projeto multicultural chinês chegou ao ápice quando, em 2009, os protestos uigures em Ürümchi sobre o assassinato de operários uigures por trabalhadores han transformaram-se em violência generalizada. Nos meses seguintes, as autoridades estatais iniciaram um processo de limpeza urbana que visava as comunidades uigures de baixa renda.[29] Numerosas áreas uigures de Ürümchi e outras cidades tradicionais uigures viraram alvo de demolição e, nos anos seguintes, as populações migrantes

---

[27] Uradyn E. Bulag, op. cit., p. 109.
[28] Um bom exemplo disso é a prisão perpétua do acadêmico uigur moderado Ilham Tohti.
[29] Central People's Government, *Ürümchi plans to complete 36 shantytowns reconstruction projects this year*, 2012.

uigures foram transferidas para habitações governamentais rigorosamente controladas nos arredores das cidades. Suas terras foram transformadas em habitação mercantilizada para colonos han e especuladores imobiliários. Ao mesmo tempo, o estado começou a instituir uma mudança radical do ensino em língua uigur para o ensino em língua chinesa em toda a província. Em 2010, o Estado introduziu celulares e redes 3G em todo o interior, como uma maneira de vincular os assentamentos han e a infraestrutura de extração ao resto do país. Como uma das consequências patentes das medidas, os uigures foram expostos a novas maneiras de entender a prática e a instrução do Islã. Nos quatro anos seguintes, muitos envolveram-se em movimentos de fé global, que lhes foram apresentados através de seu novo acesso à internet. Uma pequena minoria dos que se voltaram a novas formas de ortopraxia atraíram-se pelo islamismo contemporâneo conservador político ou salafismo, mas a vasta maioria começou a praticar formas mais comuns do islamismo sunita hanafista. Depois de quatro breves anos de uso relativamente aberto de mídias sociais para promover o pensamento de professores islâmicos uigures da Turquia e professores uzbeques do Quirguistão, o Estado instituiu novas restrições à prática islâmica.

## A Guerra Popular ao Terror

Em maio de 2014, após um aumento da violência dos uigures contra civis han – primeiro com um massacre em uma estação de trem em Kunming, depois outro em uma feira han em Ürümchi, além de um atentado suicida na estação de trem de Ürümchi – o Estado declarou uma "Guerra Popular ao Terror", visando erradicar as práticas reformistas islâmicas uigures (ou "extremismo"), independência nacional (ou "separatismo") e resistência violenta (ou "terrorismo"). Como em muitas outras partes do mundo, o conceito de "terrorismo" na China foi fortemente influenciado pela retórica política norte-americana da era Bush. Antes de 11 de setembro de 2001, a violência dos uigures era quase exclusivamente considerada como "separatismo" nacionalista. Desde 2001, de acordo com relatórios oficiais do Estado, os colonos han em Xinjiang tornaram-se vítimas regulares do "terrorismo".[30] Em 2004, os incidentes "separatistas" da década anterior foram renomeados como "terroristas".[31] Tudo, desde um roubo de ovelhas a um protesto contra a grilagem de terras ou uma briga de faca, agora, pode ser rotulado de "terrorismo", se houver uigures e han envolvidos no conflito. Parece que o "terrorismo" (ou o continuum das "três forças" – separatismo, extremismo e terrorismo – agora entendido como manifestações do mesmo fenômeno) passou a se referir a uigures, que são verbal e fisicamente insubmissos e "não abertos" (em chinês, bu kaifang) aos valores culturais han. Agora, o "terrorismo" chinês tornou-se "qualquer coisa vista como ameaça à soberania territorial do Estado, independente de seus métodos ou efeitos reais em relação a danos a terceiros".[32]

## Sistemas de cadernetas, Invasões Domésticas e Detenções em Massa

Essa retórica do terror foi levada a um novo nível com a "Guerra Popular ao Terror" contra a população uigur do país em 2014. Uma das primeiras medidas instituídas, sob as disposições de emergência da "guerra", foi um sistema de cadernetas que restringia o movimento de migrantes uigures.[33] Esse esquema, conhecido como "Cartão Conveniente Popular" (em chinês, *bianminka*; em uigur, *yeshil kart*), exigia que uigures cujo registro residencial (em chinês, *hukou*) não fosse em um local urbano retornassem às suas cidades natais e obtivessem um cartão de "bom cidadão" para poder voltar. Assim como o sistema de cadernetas que foi instituído no apartheid na África do Sul, seu objetivo consistia em expulsar o outro racializado indesejado de locais desejados pela população de colonos.

---

[30] Gardner Bovingdon, *The Uyghurs: strangers in their own land*, 2010.
[31] Ibid., p. 120.
[32] Emily T. Yeh, *On "Terrorism" and the Politics of Naming*, 2012.
[33] "The Race Card", *The Economist*, 2016.

## A Questão Chinesa

Com base nas minhas entrevistas, o processo mais comum para obter o cartão era o seguinte:

1. O requerente pede um *bianminka* na polícia local. Ele ou ela é instruído a voltar no dia seguinte quando o "portador do carimbo" estiver lá. Essa pessoa, em geral, não está lá no dia seguinte ou não está recebendo visitantes. Em última instância, o pedido é negado ou o requerente desiste do processo formal.

2. O requerente vai à casa do líder da "brigada de produção" local (em chinês, *dadui*) à noite. O requerente ou a requerente apresenta todos os documentos que tem, provando que: a) é de uma família "cinco estrelas", com base nas notas que a polícia local atribuiu no portão de sua casa; b) pai e mãe têm bom histórico camponês (sem formação religiosa etc.); c) foi útil provar que circunstâncias econômicas pauperizadas exigem que um membro da família migre para sustentar financeiramente a família na cidade natal; d) nem o requerente nem seus familiares (incluindo primos, tios etc.) apresentam nenhuma ideia religiosa "extremista". O requerente também dava ao líder da equipe um "pequeno" (em uigur, *kichik*) presente de cerca de 500 yuans, dizendo que sabia que não era suficiente, mas que ele por favor "aceitasse este humilde presente" e assim por diante.

3. Se o líder da equipe estivesse convencido, dizia ao requerente com qual membro do governo local entrar em contato. O requerente era instruído a ir à casa desse funcionário à noite, com um presente de 1.000 a 4.000 yuans (em alguns lugares, a taxa regular era de 1.000; em outros, 4.000; em outros, até 10.000), em um envelope. O líder da equipe dizia à pessoa que fez a solicitação que, em nenhuma circunstância, ele ou ela deveria dizer ao funcionário que foi ele que o enviou lá. O líder da equipe também informava ao requerente que esperasse ao menos uma semana antes de ir até o funcionário, para que não ficasse óbvio que as visitas noturnas às suas casas estavam relacionadas.

4. Depois de visitar o funcionário e entregar o suborno, o requerente era informado que, dentro de um certo período de tempo, receberia uma ligação telefônica e poderia ir buscar seu *bianminka*.

Desnecessário dizer o quanto era difícil para os migrantes uigures obter este cartão. Apenas cerca de um décimo conseguiu.[34] Como resultado, cerca de 300.000 migrantes uigures na cidade de Ürümchi e centenas de milhares de migrantes em centros regionais como Korla, Aksu e Kashgar acabaram forçados a deixar esses locais. Sem o cartão, era impossível alugar uma moradia, encontrar emprego ou até mesmo dormir em um hotel.

Em maio de 2016, o sistema foi levado a um outro nível. Desta vez, mesmo que os uigures tivessem o cartão sem registro residencial urbano, não podiam deixar seus municípios sem permissão. Havia postos de controle entre todos os municípios, e cruzar a fronteira exigia uma carta com carimbo das autoridades locais. Como resultado, mesmo aqueles que antes tinham permissão legal para morar em Ürümchi e outras localidades urbanas eram agora forçados a retornar ao campo. Muitas vezes, quando voltam, estão sujeitos à detenção.

Após a implementação da Guerra Popular ao Terror, em maio de 2014, um Estado policial rapidamente tomou forma em Xinjiang. No início de 2017, o Estado havia recrutado "cerca de 90.000 novos policiais" e aumentado o orçamento de segurança pública de Xinjiang em 356%.[35] Esses recém-chegados às equipes especiais da força policial armada (*wujing budui*) são organizados de maneira segmentada por todas as prefeituras e municípios, em apoio aos uigures locais que são funcionários dos postos de controle, e trabalham como informantes em todos os níveis da sociedade uigur. Devido ao subemprego generalizado, os funcionários uigures foram atraídos para a polícia em grande número. Por causa do estigma de sua posição de colaborador e da supervisão rigorosa de seus superiores han, eles muitas vezes tratam os uigures suspeitos de forma ainda mais dura do que os funcionários han. Em geral, o aumento do orçamento para a força policial de ocupação produziu tremendos aumentos na

---

[34] Baseado em entrevistas com funcionários do Estado e pessoas cujo requerimento foi negado.
[35] Adrian Zenz e James Leibold, *Xinjiang's Rapidly Evolving Security State*, 2017.

tecnologia de vigilância e na infraestrutura de policiamento em grade, feita através de sistemas interligados de muros, portões e postos de controle policiais "convenientes" nas cidades grandes e pequenas. Em toda a província, o Estado também começou a instituir inspeções regulares nas casas dos uigures.

Durante essas inspeções das casas nos bairros uigures, a polícia primeiro escaneava o código QR que havia sido instalado na porta dos apartamentos.[36] Imagens e arquivos associados aos ocupantes registrados são exibidos no telefone celular do policial. Após essa revisão dos ocupantes legais, a polícia passa a verificar se há ocupantes não registrados na casa. Procuram nos armários e embaixo das camas. Eles variam o horário da inspeção para garantir que os ocupantes estejam despreparados. Às vezes, pediam para examinar os livros e revistas dos ocupantes. Outras, partiam para inspecionar os telefones e computadores de todos. Qualquer recusa em cooperar significava que a pessoa seria detida. Se os ocupantes não se encontrassem em casa no momento da inspeção, eram notificados de que deveriam comparecer à delegacia dentro das 24 horas seguintes.

Nesse momento, em 2017, no campo, tais inspeções eram ainda mais aterradoras. Lá, a polícia armada vinha acompanhada por grupos de hans e voluntários uigures recrutados e armados com cassetetes. Eles visitavam a casa das pessoas com regularidade para checar seus telefones e computadores, em busca de material religioso desaprovado e para garantir que estavam assistindo programas de televisão em chinês. Eles certificavam-se de que os homens não estavam deixando a barba crescer e de que as mulheres não estavam cobrindo a cabeça com véus. Questionavam as crianças uigures para certificarem-se de que estavam indo à escola, e que seus pais ensinavam sobre o Islã em casa. Perguntavam sobre o comparecimento a mesquitas, horários de orações e se haviam ouvido "ensinamentos" islâmicos desaprovados (em uigur, *tabligh*). Eles pediam que os uigures comparecessem a reuniões semanais

---

[36] Essas inspeções foram observadas pelo autor durante um ano em Ürümchi em 2014 e 2015.

de educação cívica, cantassem canções e dançassem danças patrióticas, que prometessem lealdade eterna ao Estado chinês. Cada família era responsável por enviar ao menos um membro a essas reuniões. O não cumprimento de qualquer uma dessas formas de inspeção e ação resultava em prisão.

Desde o lançamento da Guerra Popular, milhares de uigures foram colocados em detenção indefinida.[37] Como detentos, são forçados a frequentar aulas de educação política e ensino em língua chinesa em centros de reeducação. Outros milhares estão cumprindo sentenças em campos de trabalho por pequenos delitos (como não participar de reuniões de educação política, rezar ou estudar o Islã ilegalmente ou usar roupas ilegais), sob as novas leis antiterrorismo e antiextremismo. As detenções começaram no verão de 2014 quando jovens (com menos de 55 anos), que praticavam formas de islamismo reformista, eram pegos pela polícia e mantidos sem acusação. Seu desaparecimento nas profundezas do Estado policial logo passou a ser eufemisticamente rotulado de ir para o outro lado do "portão preto" (em uigur, *qara dereveze*). Muitos desses detentos do início ainda estão presos no momento em que isto é escrito, três anos depois.

Desde fevereiro de 2017, houve uma nova onda de detenções. Agora, aparentemente, qualquer cidadão de minoria muçulmana, quer seja hui, cazaque ou uigur, que não defende a repressão da religião e a assimilação da população uigur, pode ser visto como uma ameaça ao Estado. Como me disse recentemente um intelectual uigur de uma das instituições de Ürümchi: "Se você usa sapato branco, eles o prenderão por não usar sapato preto. Se você usa sapato preto, eles o prendem por não usar sapato branco." Ele temia que ele próprio fosse preso, depois de ouvir que o presidente da Universidade de Xinjiang, junto com cerca de outros 20 docentes uigures, acabaram presos por não terem ministrado seus cursos de literatura uigur apenas em chinês. Quase todos os uigures têm um amigo, colega ou membro

---

[37] Com base em dezenas de entrevistas realizadas pelo autor com amigos e parentes de pessoas que foram presas, assim como entrevistas com funcionários do governo.

da família que foi detido. Nem os uigures que são membros do Partido Comunista estão imunes à detenção. Estima-se que, até o final de 2017, um milhão de homens e mulheres haviam sido enviados para os centros de "transformação através da educação" que foram construídos em toda a região.[38]

Na primavera de 2017, a polícia local recebeu ordens de começar a classificar os uigures usando uma série de métricas de existência ou comportamento extremista.[39] As principais categorias de avaliação eram as seguintes:

1. Ter entre 15 e 55 anos
2. Ser de etnia uigur
3. Estar desempregado ou subempregado
4. Possuir passaporte
5. Rezar cinco vezes ao dia
6. Possuir conhecimento religioso ou ter participado de atividades religiosas ilegais (muitas vezes significa que o indivíduo estudou árabe ou turco e/ou ouviu ensinamentos islâmicos não aprovados)[40]
7. Ter visitado um dos 26 países proibidos (incluindo Egito, Arábia Saudita, Emirados Árabes Unidos, Turquia, Síria, Iraque, Cazaquistão, Uzbequistão, Tadjiquistão, Quirguistão e Malásia entre outros)
8. Ter permanecido com o visto vencido em viagem ao exterior
9. Ter um parente próximo morando em um país estrangeiro
10. Ter ensinado as crianças sobre o Islã em casa

---

[38] Adrian Zenz, *"Thoroughly reforming them towards a healthy heart attitude": China's political re-education campaign in Xinjiang*, 2018.

[39] Com base em entrevistas realizadas pelo autor com uigures que foram detidos e soltos, com parentes de detentos e documentos oficiais vazados.

[40] Com base em entrevistas conduzidas pelo intelectual uigur Eset Sulayman e policiais do município de Kashgar, uma das principais maneiras pelas quais esse conhecimento religioso é detectado dá-se quando um uigur ou uma uigur destrói seu cartão SIM, ou evita usar seu telefone para se comunicar com outras pessoas. A falta de atividade telefônica é lida como um sinal de desvio e resulta em interrogatório automático. Ver Eset Sulayman, *China Runs Region-wide Re-education Camps in Xinjiang for Uyghurs And Other Muslims*, 2017.

Qualquer indivíduo cuja existência ou comportamento correspondesse a três ou mais dessas categorias poderia estar sujeito a questionamento. Como duas delas referem-se apenas ao fato de ter nascido uigur e ter entre 15 e 55 anos de idade, para muitos, a simples existência os tornava suspeitos. Qualquer pessoa que atendesse a cinco ou mais desses critérios poderia estar sujeita a detenção e reeducação política por um período mínimo de 30 dias. Numerosos permaneciam detidos indefinidamente. Alertavam que suas crenças e modo de vida eram uma forma de "câncer" social (em uigur, *raq*), que precisava ser extirpado. Avisavam que deveriam comemorar o processo de reengenharia de suas vidas, porque significava que ficariam livres de "preconceito" (em uigur, *kemsitish*), depois de aprenderem a desprezar sua religião e falta de assimilação na sociedade han. Alguns dos uigures detidos e libertados, bem como seus parentes que entrevistei com mais profundidade, apresentavam sinais de estresse pós-traumático. Contaram que os pequenos problemas que enfrentavam agora tornavam-se fonte de profunda ansiedade. Não poucos sofrem ataques de pânico e depressão.

Depois de soltos, eles ou seus entes queridos tinham que escrever "votos de lealdade" (em chinês, *fasheng liangjian*; em uigur, *ipade bildürüsh*) ao Estado.[41] Tais declarações forçam os uigures a articular visões que não são suas. As declarações pedem que recontem suas biografias pessoais de uma maneira que os coloque em completa oposição ao islamismo reformista e em lealdade eterna ao Estado. Eles se assemelham fortemente às declarações pessoais a que muitos foram forçados a fazer, publicamente, durante as sessões de luta da Revolução Cultural. Nesse caso, contudo, são racializadas (ou seja, específicas para os uigures) e diretamente assimilacionistas ou orientadas para a cultura do Estado han. O efeito da manipulação psicológica da repetição e circulação generalizada desses votos (particularmente por figuras públicas uigures respeitadas) é uma das ferramentas mais potentes da campanha de reeducação. É aqui que o raciocínio da reengenharia social de fato ocorre.

---

[41] Um exemplo deste jornal da Liga da Juventude Comunista, de ampla circulação, disponível em: https://mp.weixin.qq.com/s/Fy2tcdVgOf8SVhPdNG0PhQ.

Muitos uigures, como Alim, que apresentei no início deste ensaio, falaram comigo sobre os processos de inspeção, detenção e assédio como uma técnica de "partir suas almas" (em uigur, rohi sunghan). Eles afirmaram que, quando seus entes queridos voltavam, eles haviam mudado como indivíduos. Ficavam quietos. Submetiam-se a qualquer coisa que lhe pedissem. Eram temerosos. Algo essencial de seus seres havia partido. O trauma de saber que sua vida estava nas mãos do Estado policial fez com que muitos perdessem a esperança. Quando voltavam, começavam a papaguear o que ouviram em suas aulas. Era como se tivessem sido reprogramados. Diziam que a parte deles que era uigur havia sido quebrada, tudo o que restava era uma casca patriótica chinesa.

## Enquadramento Chinês do Capitalismo Terrorista

O novo enquadramento dos protestos de minorias contra a dominação estatal, dos movimentos de fé islâmica e de resistência violenta, como manifestações de "terrorismo", produziu uma indústria do crescimento acadêmica em toda a China. Centros de Estudos Sobre Terrorismo surgiram em todo o país, nos quais acadêmicos chineses enfatizam e validam os pronunciamentos do Estado. As atividades de vários milhares de uigures na Turquia e na Síria têm sido usadas como justificativa para a detenção e reeducação de centenas de milhares deles. O estado de emergência e o financiamento estatal, que acompanha a Guerra Popular ao Terror, permitiram numerosos experimentos em segurança. Como nos Estados Unidos, novas infraestruturas de segurança de fronteira, biossegurança e cibersegurança estão sendo introduzidas para reforçar formas mais antigas de controle. Nos Estados Unidos, a segurança antiterrorista foi construída no legado da Guerra Fria.[42] Na China, o antiterrorismo visa um grupo específico de cidadãos muçulmanos nativos e seus recursos. Como tal, a implementação da "Guerra Popular ao Terror" manifesta-se de maneira diferente na China do que a "Guerra ao Terror" em outros lugares. Centra-se na campanha

---

[42] Joseph Masco, *The theater of operations: National security affect from the Cold War to the War on Terror*, 2014.

de assentamentos, que facilita o contínuo acúmulo de recursos naturais das terras uigures. Acompanha isso um sistema generalizado de dominação, que se estende a todas as facetas da vida uigur.[43] Na América do Norte, esse tipo de raciocínio não foi implantado à força, na memória recente, em uma população subjugada, embora seja uma reminiscência de internatos norte-americanos onde populações nativas, que sobreviveram aos confrontos genocidas com os pioneiros americanos, foram ensinadas a abraçar os valores cristãos e reconhecer sua "selvageria". No Afeganistão e no Iraque, o exército dos Estados Unidos tentou "conquistar os corações e mentes" daqueles cuja terra ocuparam, mas esse processo não foi institucionalizado de maneira tão completa como na Xinjiang contemporânea. O sistema de justiça criminal dos EUA também tenta reabilitar os reclusos e conduzi-los a um comportamento disciplinado, ao mesmo tempo em que lucra com seu encarceramento. Mas na China, a "Guerra Popular ao Terror" é algo diferente. Com efeito, é a criminalização de todo um modo de vida.

Este processo foi auxiliado pela permissividade da comunidade mundial em relação ao violento policiamento de populações muçulmanas. Em particular, o caso chinês encontra semelhanças com as políticas da administração de Trump vinculada a muçulmanos. Muitos políticos chineses e pesquisadores dos "estudos do terrorismo" aplaudiram a proibição do governo Trump à entrada de muçulmanos nos EUA.[44] Eles veem isso como uma validação às limitações de deslocamento que o governo chinês impôs aos uigures. Enquanto isso, o Estado chinês empregou Erik Prince, o fundador do exército mercenário privado Blackwater, para instalar unidades de treinamento para forças de segurança chinesas nas atividades antiterrorismo contra as populações tibetana e uigur. Essas ligações diretas entre as iniciativas antiterroristas americanas e europeias, bem como as tentativas chinesas de voltá-las contra seus próprios cidadãos, tornam cada vez mais insustentável enquadrar as questões uigures e tibetanas como meras disputas étnicas

---

[43] Darren Byler, *Imagining Re-Engineered Uyghurs in Northwest China*, 2017.
[44] "China's Communist Party hardens rhetoric on Islam", *Al Jazeera*, 2017. "Erik Prince Weighing Senate Bid While Tackling Xinjiang Security Challenge", *EurasiaNet Analysis*, 2017.

domésticas. Isso também deixa claro que dominação e novas séries de racialização podem ser implantadas fora do Ocidente. Como grupos nativos de outros lugares, pediram que os uigures participassem de um projeto multiculturalista, cujo conteúdo era ditado pelo Estado. Solicitaram que se reestruturassem em torno das diferenças permitidas, aceitando os termos propostos. Ao não fazerem isso, descobriram que as instituições do Estado eram usadas para apartar seus corpos e destruir suas famílias.

Hoje, os uigures falam bastante da sua fragmentação como povo. Dizem que não têm palavras para expressar como se sentem. Que não conseguem conciliar o que está acontecendo, e quem são, como seres humanos. Quando dizem que estão partidos, estão afirmando que não estão mais inteiros como indivíduos. Seu sentido de si foi danificado. O que estão exprimindo é, majoritariamente, que estão aterrorizados de como isso afetará as pessoas que amam. Histórias de estupro sistêmico de mulheres detidas circulam sem parar. Rumores de coleta de órgãos de jovens acusados de crimes de terror fazem parte da conversa diária. Os uigures temem que essas narrativas sejam fidedignas ou possam se tornar verdadeiras. Temem que os dados biométricos extraídos deles façam parte de algum processo de eliminação sistêmica. Sentem que não têm nada para proteger, nem a si, nem a quem amam. Estão sendo aterrorizados pela normalização do capitalismo terrorista e pela maneira como estão tirando deles até formas limitadas de autonomia.

# 12.
# Trabalhadores precarizados em movimento no Brasil e na China[1]

Leo Vinicius Liberato[2]

---

[1] Este artigo é fruto do acompanhamento das lutas dos entregadores de aplicativos no Brasil entre 2020 e 2021, das informações sobre as mobilizações dos entregadores chineses na imprensa internacional, assim como do intercâmbio entre ambos os movimentos. Caio Martins Ferreira contribuiu na elaboração do texto.

[2] É doutor em Sociologia Política, tecnologista da Fundacentro (Instituição Federal de Pesquisa em Segurança e Saúde no Trabalho), e pesquisa o trabalho dos entregadores de aplicativos.

Com uma superprodução industrial instalada no mundo e juros baixos, o capital acumulado viu nas plataformas digitais, que operam no setor de serviços, uma possibilidade de investimento[3]. Esse capital, que esteve na origem das empresas de entrega de comida mediadas por aplicativos, e que ainda é despejado nelas, levou à concentração e centralização de uma categoria antes dispersa, em vínculos com uma infinidade de pequenas empresas. No Brasil, apenas com exceção de São Paulo, onde os motoboys que trabalham com carteira assinada conseguiam compor-se politicamente de forma efetiva através do sindicato, prevalecia uma multidão deles trabalhando, em geral, para pequenos patrões.

Com as empresas de entrega por aplicativo, que emergiram sobretudo nos últimos cinco anos, essa força de trabalho, além de ter sido ampliada, foi relativamente retirada da dispersão que se encontrava. Mas, ao contrário da concentração de força de trabalho, que o desenvolvimento da indústria gerou no século XIX, visto por Marx enxergava como parte da dialética que levaria à revolução do proletariado, no caso dos entregadores de aplicativo essa concentração ocorre numa época de desindustrialização.

Pela similaridade da organização e condições de trabalho imposta pelas empresas de entrega de comida por aplicativo em todo mundo, esse proletariado centralizado e concentrado conseguiu, em parte, ultrapassar as fronteiras nacionais, constituindo laços internacionalistas. É o que se pode verificar no chamado Breque dos Apps em 1º de julho de 2020, quando uma greve nacional puxada no Brasil acabou gerando um chamado internacional, com adesão de entregadores em outros países latino-americanos.

---

[3] Nick Srnicek, *Platform Capitalism*, Cambridge: Polity Press, 2017.

Em anos anteriores, entregadores na Europa já se articulavam em escala continental[4], e a prisão em 2021 de uma liderança dos entregadores chineses, Mengzhu, gerou manifestações de solidariedade de entregadores ao redor do planeta, inclusive no Brasil[5].

Mengzhu é o apelido do entregador Chen Guojiang. Ele e outros entregadores criaram redes de apoio mútuo em 2019, além de uma Associação de Entregadores. O apelido de Chen Guojiang deriva desse seu ativismo. Mengzhu é uma forma abreviada que significa "líder da associação". Entre outras ações de Mengzhu estão a criação de grupos de mensagem instantânea, reunindo milhares de entregadores, a produção de vídeos de denúncias e a iniciativa para ações coletivas dos entregadores por melhorias nas condições de trabalho.

Em fevereiro de 2021, o apartamento em que morava com outros quatro entregadores em Pequim foi invadido pela polícia. Os quatro companheiros de Mengzhu foram depois soltos, mas ele foi mantido preso desde então, primeiro sob acusações normalmente usadas contra ativistas. Sua prisão ocorreu logo após ele ter liderado uma bem-sucedida campanha através das mídias sociais, denunciando a farsa do programa de bônus da empresa Ele.me. O vídeo que ele postou atraiu atenção do público, e a repercussão levou a Ele.me a se desculpar e prometer resolver o problema. Mengzhu pode ser condenado a cinco anos de prisão[6].

## Sobrevivência e liberdade na desindustrialização

O contexto da concentração e centralização política dessa força de trabalho, não só no Brasil, mas no mundo, é o de uma estagnação econômica relativa e baixa demanda por trabalho,

---

[4] A Transnational Federation of Couriers foi lançada em outubro de 2018, num encontro em Bruxelas, a partir de 34 organizações de entregadores de 12 diferentes países.

[5] Em 29 de abril de 2021, motoboys de São Paulo protestaram em frente ao Consulado da China exigindo a liberdade de Mengzhu. Disponível em: https://www.instagram.com/p/CORMu9En0ru/.

[6] Para mais detalhes do caso de Mengzhu, ver https://passapalavra.info/2021/04/137418/ e https://labornotes.org/2021/04/china-leader-delivery-riders-alliance-detained-solidarity-movement-repressed.

associada a essa desindustrialização[7]. De 1980 aos dias de hoje a contribuição da produção industrial no Brasil caiu de um terço do PIB para dez por cento do PIB, retornando à proporção de 1910. Como Marcio Pochmann tem indicado, características da Velha República reaparecem, com uma massa urbana que está fora da economia propriamente dita, dependendo para sobreviver da renda das famílias ricas através de prestação de serviço. Trabalho doméstico foi a ocupação com maior número de trabalhadores no Brasil em 2019, e entregadores, a terceira[8].

A China não é exceção, na última década, em termos de redução relativa de empregos na indústria de bens manufaturados. Uma redução de 19,3% para 17,2% entre 2013 e 2018 da proporção de empregos nesse setor em relação ao total de empregos[9]. A porcentagem do PIB produzido pela manufatura na China caiu de 32,5% em 2006 para 27,2% em 2019[10]. Se no Brasil a entrega por aplicativo foi vista como opção, diante da restrita demanda por trabalho na década de maior recessão da história do país, na China o contingente de entregadores (cerca de sete milhões), foi formado em boa parte por um perfil de trabalhador imigrante, vindo de zonas rurais, que anteriormente iria trabalhar na construção civil ou na indústria. Cabe destacar que, assim como no Brasil e na Europa, na China é também frequente que esses jovens vejam no serviço de aplicativos uma opção menos ruim do que outras atividades, por sentirem-se mais livres e sem chefe.

Se há semelhanças na subjetividade dos entregadores do Brasil e da China, fato que repercute nas demandas e formas de ação, trata-se de algo determinado, pelo menos em parte, pela composição técnica do trabalho, isto é, como o trabalho é organizado. Embora muito semelhantes, algumas diferenças na organização do trabalho e nas formas de repressão, que os entregadores

---

[7] Desindustrialização entendida como redução da proporção do emprego na manufatura em relação ao emprego total. Ver Aaron Benanav, *Automation and the Future of Work*, Londres: Verso, 2020.

[8] Marcio Pochmann, "Estado de Sítio", *Youtube*, 05/03/2021. Disponível em: https://www.youtube.com/watch?v=dWjn4vhriqk.

[9] Aaron Benanav, op. cit.

[10] Ver: https://data.worldbank.org/indicator/NV.IND.MANF.ZS?locations=CN&locationspCN.

de aplicativos enfrentam na China e no Brasil, determinam, por sua vez, algumas diferenças significativas nas suas formas de luta nesses dois países. Uma análise das diferenças nesse caso específico dos entregadores de aplicativo parece apontar para diferentes maneiras de repressão, que o proletariado no Brasil e na China tendem a enfrentar.

Para chegarmos lá, precisamos primeiro entender como é a organização do trabalho de entrega por aplicativo no Brasil e na China.

## Semelhanças e diferenças na organização do trabalho

No Brasil, o iFood detém 75% do mercado de entrega de comida por aplicativo. Na China, as empresas Ele.me e Meituan dominam cerca de 96% desse mercado. O iFood e essas empresas chinesas possuem algo em comum na gestão da força de trabalho. Parte de seus entregadores está submetida a uma forma de gestão que não encontramos em empresas de *delivery* de comida por aplicativo nos Estados Unidos, Austrália ou Europa (e talvez em nenhum outro país). Trata-se do uso de chefe/supervisor humano, com as mesmas funções de um chefe/supervisor de qualquer empresa. Entre elas, a função de disciplinar a força de trabalho.

O iFood possui dois sistemas ou formas de gestão do trabalho dos entregadores. Um é chamado de "Nuvem", no qual, a princípio, o entregador não possui chefe e pode trabalhar quando quiser. Ganham a cada entrega realizada. Evidente que o iFood, assim como os demais aplicativos, colocam em prática uma série de artimanhas para fazer com que os entregadores trabalhem de forma a maximizar os lucros da empresa, aceitando as entregas oferecidas. Como não são fundamentais para a nossa análise, deixaremos de lado essas estratégias das empresas para reduzir a autonomia e liberdade que, a princípio, gozariam os entregadores Nuvem.

O outro sistema de gestão de trabalho do iFood é chamado de "OL" (Operador Logístico). Consiste na utilização uma supervisão humana, por meio de chefes de empresas terceirizadas, chamadas de

Operadores Logísticos. Passando por cima da legislação trabalhista ainda existente e pelo patamar mínimo de justiça nas relações de trabalho capitalistas, os entregadores OL são subordinados como um empregado normal, mas sem gozarem de qualquer direto trabalhista ou previdenciário. Possuem chefe, são obrigados e cumprir jornadas de trabalho, mas não desfrutam de nenhum direito trabalhista reconhecido pelo iFood e pelas empresas terceirizadas (as OLs). Sequer contam com um salário propriamente dito, pois a remuneração é por serviço realizado, como a dos entregadores Nuvem.

Segundo dados do próprio iFood, a proporção de entregadores OL subiu de 10% em setembro de 2020, para 25% em julho de 2021. Ou seja, um aumento de 150% nessa proporção. Podemos supor que, na prática, os entregadores OL correspondem a um número não distante de 50% da força de trabalho dos entregadores da empresa. Esse crescimento demonstra, por si só, a clara preferência do iFood pelo sistema OL. Com ele, o iFood elimina a imprevisibilidade da força de trabalho efetiva que ele possui em cada dia, horário e clima. Uma forma de o iFood ampliar a proporção de entregadores OL é reduzir a quantidade de pedidos direcionados a entregadores Nuvem, forçando-os a migrarem para o sistema OL para conseguirem sobreviver. Outra maneira é aprovar cadastros de novas contas para o sistema OL, e não para o Nuvem.

Os chefes OL não determinam as taxas recebidas por entrega, elas já vêm estipuladas via algoritmo pelo iFood. A função deles é, basicamente, fazer os entregadores trabalharem ao máximo: garantir que não faltem aos turnos, faça chuva ou faça sol, sábado ou domingo, e que não rejeitem corridas. Para tanto, é frequente o uso de punições financeiras, e por vezes também de incentivos que aumentam o risco de acidente, além de todo tipo de arbitrariedades, numa situação na qual a legislação trabalhista, que poderia limitar o poder do patrão, seja letra morta de fato. Dentre as funções do supervisor/chefe humano de disciplinar a força de trabalho, está também a de evitar que haja greve. Detendo um poder punitivo, que pode levar ao desligamento do entregador grevista, é fácil saber por que os entregadores OL costumam aderir menos às paralisações do que os Nuvem.

    Na China, entre as duas empresas que oligopolizam o mercado, Meituan e Ele.me, encontramos três sistemas de gestão do trabalho. Um deles é análogo ao Nuvem do iFood, no qual o entregador não está submetido a supervisor ou chefe humano e pode, a princípio, trabalhar quando e quanto quiser. Há algumas diferenças na organização do trabalho nessa modalidade no Brasil e na China, mas para o nosso objetivo as deixaremos de lado. Importante apenas salientar que, na China, alguns aspectos da organização do trabalho são, digamos, mais cruéis e implicam maior risco de acidente para os entregadores, a exemplo de punição financeira direta por atraso na entrega. Como no Brasil, na China esse entregador é considerado trabalhador autônomo, sem resguardo da legislação trabalhista e previdenciária, e o "salário" consistindo nos valores das entregas realizadas.

    Nos outros dois modelos de gestão da força de trabalho dos entregadores na China existe um chefe e jornada de trabalho fixada. Em um deles, os entregadores são diretamente contratados pela empresa de aplicativo, possuindo um contrato de trabalho e um salário base (são empregados da empresa). No outro, bastante parecido com o sistema OL do iFood, os entregadores são subcontratados por uma agência de trabalho, sendo que a maioria não possui contrato de trabalho e nem salário base, recebendo apenas por cada entrega realizada. Esses entregadores chineses sofrem, assim como os entregadores OL do iFood, sob o poder arbitrário dos chefes. Mas, diferente dos chefes OL, esses chefes terceirizados na China possuem poder de determinar as taxas que os entregadores submetidos a ele recebem por entrega. Diferença essa que será um dos fatores determinantes para que as lutas dos entregadores na China e no Brasil tenham algumas características e tendências próprias, embora também possuam muitas semelhanças.

## Semelhanças e diferenças nas lutas e na repressão

Chuxuan Liu e Eli Friedman[11] apontam que as lutas dos entregadores de aplicativo chineses têm várias características em comum com as do proletariado industrial chinês. Segundo eles, em ambos os casos o trabalho informal e a alta competição do mercado resultam em lutas relacionadas ao baixo pagamento, alta intensidade de trabalho e acidentes. Também em ambos os casos, as lutas visam o capitalista individual (o empregador), e são efêmeras em termos organizacionais.

Embora na China haja protestos e paralisações de entregadores de aplicativo com visibilidade nas ruas, tal qual ocorre no Brasil e no restante do mundo, Liu e Friedman conseguiram detectar formas de luta de outro tipo. Uma delas é realizada totalmente online pelos entregadores que estão subordinados a um chefe subcontratado[12], análogo aos entregadores OL do iFood.

No Brasil, como na China e nos demais países, o principal motivo de protestos e greves dos entregadores de aplicativos é a remuneração, independente do sistema em que trabalhem (com ou sem chefe). Diferente dos OLs do iFood, na China são esses chefes subcontratados que determinam as taxas recebidas pelos entregadores. No caso da Ele.me, eles têm uma função mais ativa na distribuição dos pedidos aos entregadores. Por determinarem as taxas e terem maior margem de lucro, conforme diminuem os valores pagos aos entregadores, esses chefes tornam-se alvo imediato das reivindicações e reclamações dos seus subordinados. As estações que cada chefe comanda são bastante pressionadas pela empresa-plataforma para manter a produtividade, sofrendo punições mesmo por pequenas interrupções no serviço. Esse forte controle da empresa as estações confere um poder de barganha relativamente grande aos entregadores de cada uma, em relação ao chefe[13]. Com tal forma de organização do trabalho, as gigantes chinesas da entrega de comida por aplicativo protegem-se da centralização

---

[11] Chuxuan Liu e Eli Friedman, "Resistance under the Radar: Organization of Work and Collective Action in China's Food Delivery Industry", *The China Journal*, N. 86, Jul. 2021, p. 68-89.

[12] Liu e Friedman, op.cit.

[13] Liu e Friedman, op.cit.

política dos entregadores que mencionamos, descentralizando e direcionando o conflito para esses pequenos patrões, chefes das estações.

Desse modo, a mais simples (e invisível ao público) das ações dos entregadores de uma estação é combinar, através de um aplicativo de mensagens, permanecerem sem logar, isto é, sem trabalhar. Também por esse meio, a reivindicação acaba sendo negociada e resolvida com o chefe. Ainda que não sejam todos os entregadores da estação a aderir, quando uma quantidade razoável deles deixa de trabalhar, até mesmo por apenas uma hora, é possível ter um impacto negativo substancial nas estatísticas da estação. Como o controle da empresa-plataforma é exercido a partir dessas estatísticas, os chefes das estações têm nelas sua principal fonte de preocupação. Dificilmente essas paralisações de entregadores de uma estação duram mais do que alguns dias, visto que eles podem ser substituídos com relativa facilidade.

Tais formas de luta, de baixa visibilidade, travadas e negociadas totalmente online, são consequência da forma de organização de trabalho descrita acima, mas também do modelo de repressão chinês. Repressão que envolve controle e censura dos conteúdos na *web* pelo governo.

Manifestações que ganham as ruas ou que tenham visibilidade, se por um lado atingem a reputação das empresas de aplicativo, que não gostam de virar manchete, por outro são malvistas pelo governo chinês, pois impactariam de forma negativa sua própria imagem. Esse destaque na esfera pública amplia bastante o risco de repressão estatal, contrastando com as paralisações organizadas e efetivadas inteiramente online, quando os chefes de estação não têm como chamar a polícia[14].

Os entregadores que não possuem chefe, análogos aos Nuvem do iFood, por vezes também organizam e efetuam paralisações totalmente online. Porém, para que elas sejam efetivas, um número muito maior de entregadores precisa aderir. Isso porque, nesse sistema, a plataforma já está preparada para flutuações na

---

[14] Liu e Friedman, op.cit.

quantidade de entregadores disponíveis, diferente do que ocorre no sistema de entregadores vinculados a uma estação com chefe. Na prática, os entregadores na China que não estão subordinados a um chefe parecem possuir um poder de barganha menor. Isso exige dessa modalidade de entregadores a busca de maior adesão e de exposição pública para conseguir maior pressão sobre as empresas, submetendo-se, assim, também à repressão estatal[15]. Exposição essa que resultou na prisão de Mengzhu.

Se no Brasil, pelo que temos detectado, os entregadores de aplicativo que trabalham em sistema sem chefe estão em condições mais favoráveis a paralisações, vimos que na China a tendência parece ser diferente[16]. Nessa distinção, cabe ressaltar o papel das formas de repressão nos dois países. Para tanto é necessário lembrar do retorno dos aspectos da Velha República que Marcio Pochmann salienta, em particular o que ele chama de sistema jagunço, operando junto com o fanatismo religioso como gestor de uma massa residual.

Nas palavras de Pochmann, vivemos uma guerra civil pelo emprego, que é "cada vez mais coordenada por um sistema jagunço"[17]. Levando em conta a arbitrariedade e despotismo dos chefes OL e as ameaças que entregadores em grandes cidades como São Paulo e Rio de Janeiro têm sofrido, até mesmo com uso de milícias[18], ao colocarem-se contra os interesses desses chefes OL, não é difícil perceber que Marcio Pochmann está correto na sua descrição da realidade do trabalho no Brasil e na tendência que seguimos.

Se no Brasil os entregadores de aplicativo, que se colocam individual ou coletivamente contra os interesses financeiros dos chefes OL, tendem a enfrentar um sistema jagunço, na China, como vimos,

---

[15] Liu e Friedman, op.cit.

[16] Trata-se de uma tendência, não de uma lei de ferro, o que significa que os entregadores do sistema OL também são capazes de protagonizar lutas. A greve mais extensa até o momento de entregadores de aplicativo no Brasil, que ocorreu em São José dos Campos entre 11 e 16 de setembro de 2021, foi iniciada por entregadores que trabalhavam no sistema OL.

[17] Marcio Pochmann, "O movimento sindical e a precarização do trabalho no Brasil", *Youtube*, 12/04/2021. Disponível em: https://www.youtube.com/watch?v=1lUhAC2d8AM&list=FLHMwyjKx7-dTStT811MWP4g&index=3.

[18] Leo V. Liberato, "A inovadora parceria entre o iFood e as milícias", *Le Monde Diplomatique Brasil*, 23 jul. 2021.

não há notícia de um sistema de repressão descentralizado do mesmo tipo operando contra os entregadores, isto é, um sistema jagunço[19]. A repressão aos entregadores na China parece concentrar-se, sobretudo, no aparelho do Estado, estrito senso. Essa repressão estatal, de um governo intolerante a manifestações públicas, acaba sendo mais severa que no Brasil.

Em suma, embora haja muitas características comuns na organização do trabalho e nos desejos dos entregadores na China e no Brasil, diferenças nos modelos de repressão das lutas são um importante fator das desigualdades encontradas nas lutas desses trabalhadores nos dois países. O monopólio da violência mantido pelo Estado chinês contra os entregadores, e a pouca tolerância do governo à organização de lutas que se tornam públicas, tende a levar os entregadores chineses a buscarem formas invisíveis de luta que, no caso, se dirigem aos chefes das estações. No Brasil, ao contrário, com o Estado em sentido estrito perdendo o monopólio da violência, que vai se descentralizando na forma paraestatal das milícias e do crime organizado, que constituem um sistema jagunço, faz sentido que haja uma tendência de os entregadores tentarem evitar o enfrentamento direto dos chefes OL. Claro, outros fatores entram em jogo para determinar a forma das lutas, como aspectos da organização do trabalho que já mencionamos.

Se há algo relevante que a comparação das lutas dos entregadores de aplicativo no Brasil e na China nos mostra, a partir do conhecimento dessas lutas que possuímos neste momento, é a diferença de sistemas repressivos utilizados contra a classe trabalhadora nesses dois países, e que decerto não se restringem aos entregadores. Enquanto os chineses têm que lidar com uma violência monopolizada, mesmo que terceirizada[20], por um Estado nada liberal e altamente controlador, no Brasil os trabalhadores urbanos devem acostumar-se com uma violência descentralizada num sistema jagunço paraestatal.

---

19 Embora o Estado chinês possa terceirizar a violência, ele permanece como contratante. Ver em Lynette H. Ong, "'Thugs-for-Hire': Subcontracting of State Coercion and State Capacity in China", *Perspectives on Politics*, n. 16 (3), 2018, p. 1-16.
20 Ibid.

# Tabela de mapas

1. Províncias da China								6

2. Densidade populacional chinesa				7

3. Sudeste da China								63

4. Rio das Perolas (Zhu Jiang)					63

5. Província de Guangdong						181

6. Hong Kong, Macau e Guangzhou				193

7. Infraestrutura na Asia Central				228-229

**Coletivos Chineses**

Junto às publicações marxistas impressas New Politics, Made in China, Jacobin, Catalyst e Specter, a presente pesquisa baseou-se também em três sites chineses, que agradecemos a colaboração.

### Chuang 闯 – https://chuangcn.org/

Em mandarim, significa libertar-se, atacar, avançar, forçar a entrada, agir impetuosamente. É um coletivo de comunistas que considera a "questão chinesa" de relevância central para as contradições do sistema econômico mundial e seu potencial de superação. O coletivo, que publica uma revista e blog epônimo, ambiciona formular um corpo de ideias claras sobre teoria, capazes de entender a China contemporânea e suas trajetórias potenciais.

### Lausan 於流傘 - https://lausancollective.com/

傘 ("san") caractere chinês para guarda-chuva, referência crítica da relação do coletivo com os movimentos sociais de Hong Kong; 於流 é também homófono de 流散 (descentralizado/diáspora), em referência à dispersão da população de Hong Kong pelo mundo. É um coletivo criado como ponto de apoio à esquerda de Hong Kong. Encurralado entre a rivalidade interimperial dos EUA e da China, Hong Kong é ponto estratégico para uma crítica ao nacionalismo, à extração neoliberal, e à forma Estado-Nação, dentro da ilha e fora dela. Dado o caráter internacional de seu recorte, o coletivo acredita que uma imaginação radical do futuro de Hong Kong deve centrar-se na solidariedade acima das fronteiras baseada na luta de classes, justiça migratória, antirracismo e feminismo.

### Gongchao 工潮 – https://www.gongchao.org/

Significa, em mandarim, greve, movimento grevista, onda ou mobilização de trabalhadores. Criado em setembro de 2008 como um projeto de pesquisa e documentação de mobilizações e conflitos sociais chineses na perspectiva da luta de classes, migração e gênero. Seu site, baseado na tradução de livros e artigos, oferece textos analíticos e narrativas dos trabalhadores em diversas línguas.

[CC BY-NC-SA 4.0] Contrabando Editorial
Somente alguns direitos reservados. Esta obra possui a licença
Creative Commons de "Atribuição + Uso não comercial + Compartilha igual"

Dados Internacionais de Catalogação na Publicação (CIP)
Elaborada por Aline Graziele Benitez - CRB-1/3129

A Questão chinesa : luta de classes na China atual. — 1. ed.
　　　São Paulo : Contrabando Editorial, 2022.
　　　ISBN 978-65-997188-1-6

1. China - Civilização 2. China - Condições econômicas 3. China - Condições sociais 4. Luta de classes.

2022-101536　　　　　　　　　　　　　　　　CDD-338.951

Índice para catálogo sistemático:
1. China : Desenvolvimento econômico : Economia 338.951

Contrabando Editorial
Rua Itapeva, 490, conjunto 38
Bexiga, São Paulo
Contrabando.xyz
@ContrabandoEditorial

| | |
|---:|:---|
| Título | A Questão chinesa: luta de classes na China atual |
| Autores | Eli Friedman |
| | Richard Smith |
| | Irene Maestro Guimarães |
| | Ching Kwan Lee |
| | Jenny Chan |
| | Au Loong Yu |
| | Pun Ngai |
| | Yige Dong |
| | Zhuang Liehong |
| | Sophia Chan |
| | JN Chien |
| | Ellie Tse |
| | Ashly Smith |
| | Leo Vinicius Liberato |

*Contrabandistas*

| | |
|---:|:---|
| Comitê Editorial | Carolina Alvim de Oliveira Freitas |
| | Irene Maestro Sarrion dos Santos Guimarães |
| | Sílvia Cezar Miskulin |
| Tradução | Maíra Daher Dutra da Silva |
| Edição | Marcia Camargos |
| Preparação e Revisão | Juliana Silva Alves |
| Projeto gráfico e Mapas | Vittorio Poletto |
| Capa | Maíra Martines |
| Arte | Uibirá Barelli |
| Publicação | Aldo Cordeiro Sauda |

*Especificações técnicas*

| | |
|---:|:---|
| Formato | 13,7 x 21 cm |
| Papel | Triplex Supremo 250g/m² (capa) |
| | Chambril Avena 80g/m² (miolo) |
| Número de páginas | 276 |
| Tiragem | 1000 |
| Impressão | Cromosete |

A publicação deste livro não teria sido possível não fossem os esforços de
*Henrique Carneiro, Sofia Aras, Camila Valle, Rodrigo Ricupero* e *Carolina Maluf.*